Science Everywhere

PHILOSOPHER'S STONE

十的九次方年的生命

白书农——著

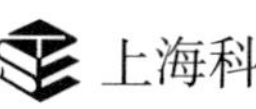

上海科技教育出版社

对本书的评价

◇

大多数研究者习惯从“最高等动物”的视角俯瞰和解释世间形形色色的“低等”生命。突然来了一位植物学家，跳出传统的思维模式，采用一种他自称的“整合子生命观”，顺着生命之树的源头，重新梳理了生命的概念，重新诠释了细胞、个体、物种乃至人类！这位植物学家名叫白书农，这些新见解就汇集成了这本《十的九次方年的生命》。

——吴家睿，

中国科学院生物化学与细胞生物学研究员，

《生物学是什么》的作者

◇

所有人都离不开对生命的思考，不过思考生命的尺度各不相同。白书农教授的《十的九次方年的生命》，将对生命的追问延伸到最早的生物起源，同时将社会世界中的人置于生命演化史的关键阶段来审思。自然、人文和社会科学的奇思妙想融会贯通，映现出生命历程的别样风景，值得回味。

——渠敬东，

北京大学社会学系教授

◇

改变世界的大智慧来自认知人类自身的观念变革，不仅要在更大的时空尺度上理解“人是生物”的主题，还需重估人类认知和心智能力的来源和限度。作者以10的9次方年的长时段大尺度的坐标变换，跃出“轴心时代”的文明叙事架构，从“活着”这个再日常不过的词出发，以生命大系统的观念，不平凡地讲述了人类生存及社会演进中生命的“变”与“活”的偶然和历史的必然。“生命=活+演化（达尔文迭代）”，这是一个颇具颠覆性的全新视角。在娓娓道来的叙事脉络中，潜藏着一个生物学家反叛传统生物学教科书的哲学观，随处可见的是活生生的生命哲学的洞见之光。这本书为探索人类变革新起点的人们提供了一种头脑风暴式的深刻启示。

——刘晓力，

中国人民大学哲学院教授，

北京大学博古睿学者（2021—2022年度）

内容提要

生命就是生物的命吗?“生命”等于“活”吗?先有“生物”还是先有“活”?人类是如何从非洲一个角落里食物网络中层的成员,变成今天地球生物圈的主导物种的?人类的演化历程,跳出过生命系统演化规律这个“如来佛的手掌心”吗?

作者基于多年从事植物研究和教学、与研究生共事尤其是与植物研究领域之外不同学科杰出学者交流合作的经历,从可能的生命系统的源头,“顺流而下”地对生命系统不同层级的现象以及目前人们对这些现象的解释作了概要的梳理和重构,提出“生命是一个遵循‘结构换能量’原理的特殊的物质存在形式”的观点。从这个新的视角看,人类只是生命系统演化中出现的一种特殊的子系统。因此,对人类生存与发展背后机制的探索与思考,其参照系的时间尺度就不得不从传统的“轴心时代”即距今2800—2600年不同地区先哲涌现的时代,拓展到地球生命系统起源的30多亿年前,也就是从10的3次方年拓展到10的9次方年。跳出以传统的时间尺度框架看待人类社会的定势,或许会为大家带来新的感悟。

作者简介

白书农，北京大学生命科学学院荣休教授，博古睿研究院中国中心2020—2021年度博古睿学者。主要进行植物生物学方面的学习和研究，接触并程度不同地探索过多种植物发育现象。在1993年提出“植物发育单位”的概念，2011年提出“有性生殖周期”的概念，2013年提出“植物发育程序”的概念。在对植物发育现象研究和思考的过程中，还对生命的本质、教育的本质和本科生命科学教育的培养目标等问题进行长期的思考。

前言　从“睿的n次方”开始

2018年上半年，在一次偶然的聊天中，我向北京大学哲学系的刘哲老师提出，哲学系应该要求本科生都选修一门生物学课程。当时他大概正在研究生命伦理的问题，对我的提议给了很积极的回应——邀请我去他们系的一个系列演讲中作一次报告。不巧当年北大主办世界哲学大会，他们为此全体总动员，一直也没有安排出时间。但他言而有信，一直记得这个邀请。后来，他作为北大博古睿研究院中国中心的联席主任，安排我作为该中心组织的“博古睿讲座系列”的首讲嘉宾。我的演讲题目是“人是生物——人类变革的出发点”。

在生物学圈子之外我曾经做过不同的演讲，多与我从事的生物学研究和教育有关。到博古睿中心演讲对我而言是一个非常大的挑战，因为面对的绝大多数是人文学者，而且讲的主题是人类变革。虽然，一方面在家庭里面临过孩子教育问题，另一方面在实验室面对着研究生培养问题，促使我从2006年前后就开始从生物学角度思考人类行为和人类社会背后可能涵括的道理，但要把自己想过的很多事情在1个小时之内讲出一点道理，是我从来没有做过的。为了这场演讲，我花了不少时间，反复考虑怎么讲。最终，从现场听众的提问和博古睿中心团队推出的内容来看，好像效果还不错。

大概因为这次演讲，博古睿研究院中国中心的宋冰主任安排她的团队和我商量是不是能够参加中心的一些活动。通过不同渠道了解，我发现，博古睿研究院致力于搭建全球对话平台、推动跨文化交流、培育新的思想理念，以及寻找人类社会发展的新机遇、变革的新动力。这种使命恰好与我的一些思考不谋而合。我认为，随着对生命本质的了解越来越多，人们大概可以而且也应该从生命基本规律的角度，解读人类行为和人类社会背后的道理，为人类行为规范的是非标准寻找一个新的终极依据。于是，从2020年秋季开始，我成为博古睿研究院中国中心为期一年的研究员（博古睿学者）。作为研究员的工作之一，就是参与博古睿研究院“人类变革”项目的各类活动，并在这个过程中拓宽自己的视野，提供自己对“人类变革”问题的思考。在公众号“睿的n次方”（现更名“萃嶺思想工场”）开设专栏《白话》，是我参与“人类变革”项目研究的成果之一。在专栏中，我向大家介绍了我对“生命”本质的思考与观点，帮助大家理解，为什么我会认为生命的规律可以作为人类行为规范的是非标准的终极依据。写作的过程，是一个对过去思考内容梳理凝练的过程；在专栏文章发表的过程中，我收到读者朋友反馈，还就相关问题讨论互动，交流的过程是继续思考、拓展提升的过程。如今，专栏暂时告一段落，我便将前前后后的思考加以整理，撰成此书。

《白话》专栏的开设受到了博古睿研究院中国中心主任宋冰的热情支持，以及中心李贺和他带领的实习生、北京外国语大学孙艺萌的全力帮助。专栏文章的结集成书，又得到宋冰主任的支持和关照。上海科技教育出版社的伍慧玲作为本书的责任编辑全力以赴，做了细致的编辑工作。没有他们的帮助，我个人对生命的思考不可能通过本书与大家见面。特此对他们表示由衷的感谢！

和所有的“沟通”一样，有效的沟通需要双方的努力。但对作者的成长而言，读者的反馈永远是不可或缺的动力。如同我在“睿的n次方”专栏中期待与读者交流一样，我也希望此书读者能把看不懂的疑问告诉我,把看得懂的喜悦告诉我,特别是把对生命的疑惑和思考告诉我,我们一起来寻找解决问题的办法,一起探索生命世界令人惊喜的奥秘。

CONTENTS 目录

目 录

开篇词

“轴心时代”之前的10000年人类是怎么活下来的

德国哲学家雅斯贝尔斯(Karl Theodor Jaspers)在总结人类文明的历史时,提出过“轴心时代”的概念。这个概念指的是,在公元前800—前600年,即距今2800—2600年,在地球上不同的地区,主要是现在的中国、印度、伊朗、巴勒斯坦、希腊,都出现了高度发达的文明,或者说是各有特色的观念体系,比如中国春秋战国的百家争鸣、古印度的佛教、波斯的琐罗亚斯德教、巴勒斯坦地区的犹太教和古希腊的各种哲学流派。现代人类社会讨论“文明”,或者讨论人类行为规范背后的是非标准,都会从这个时代的不同观念体系中去寻找源头。

在很长一段时间内,对于这种历史叙事我一直认为是天经地义的。可是,在2008年,我因以色列之行好奇于犹太教乃至闪米特人的起源而去检索相关信息时,突然想到一个问题:“轴心时代”之前的人是如何生存下来的?在读了同事陶乐天教授送我的戴蒙德(Jared M. Diamond)的《枪炮、病菌与钢铁》(*Guns, Germs, and Steel*),了解到人类农耕文明已经有13000年历史之后,我脑子里逐步形成了一个想法:如果说人类处于采集渔猎阶段时,其生存模式与其他动物没有太多差别的话,那么进入农耕之后,人们定居在一起共同生活,这时的生存模式就出现了实质性不同,这样一来,采集渔猎的行为规范应该不再适用于定居的农耕生活了。只有形成不同的行为规范才能保障社会的稳定。这时我们不禁要问，人类从进入农耕文明到“轴心时代”出现之前的10000多年时间里，人类先民当时的行为规范是什么，又是根据什么形成的呢？

10000多年是一段很长的时间。在这段时间里，先民们显然是生存下来了，否则不可能有后人来创造“轴心时代”。同时，这里还有一个问题：为什么突然到了公元前800—前600年，不同地区的人类居群不约而同地发展出雅斯贝尔斯的“轴心时代”中所描述的不同“文明”呢？

我的历史知识非常有限。在我所了解的当今社会人们所讨论的文明或者文明冲突的话语中，“文明”的时间尺度基本上都是在“轴心时代”以降，即距今2800—2600年范围内，空间尺度则基本上都处于欧亚大陆几大文明起源中心向周边扩张或收缩的范围。或许是受到生物学研究经历中形成的根深蒂固的演化观念影响，我总觉得，要理解一个现象，一定要追根溯源；要了解“去脉”，不可不知道“来龙”，否则会只知其然而不知其所以然。

如果将“文明”看作人类的一种生存方式，那么要了解“文明”，恐怕就不能不了解人类。人类是什么？从生物学角度来看，人类不过是一种动物。无论人类以什么方式生存，核心的问题都是生存。那么，什么是“生存”？这是一个生物学的问题，还是一个社会学或者历史学的问题？如果从生物学角度来看人类的生存，这个问题的时间尺度恐怕就不只是距今2800—2600年这个范围，也不是13000年这个范围了，而是最少可以追溯到30亿年之前地球上出现最早的细胞开始——因为每一个细胞都有它的“生存”问题。从这个角度看，我发现，我们讨论人类生存问题的时间尺度就变成一个很好记忆的“10的10次方年”的系列，即从10的0次方年（即一年）一直数到10的10次方年（百亿年）这11个时间尺度（表1）。

从这11个时间尺度我们可以看到，“轴心时代”所讨论的人类生存问题，只是在10的3次方年，即千年这个数量级上；而从生命的角度来讨论人类生存问题，我们起码有10的9次方年，即十亿年的数量级范围。从这个意义上，我认为，在博古睿研究院“人类变革”项目中，我能提出的一个“变革”，就是看待人类生存的时间尺度上的变革——从10的3次方年，转变为10的9次方年。本书后面的叙述，就是希望能从这个新的时间尺度上，为理解人类生存方式提供新的视角和理念。

表1　与人类生命观有关的11个时间尺度

时间尺度（年）		事件
10^0	1	地球绕太阳一周，地球自转360多次，每个人长一岁
10^1	10	人类的寿命很少超过这个数量级的上限（99岁）
10^2	100	现代人类生活方式在距今这个数量级的时间尺度内形成，并出现：科学，工业，IT革命
10^3	1000	记录人类行为与思想的文字在距今这个数量级的时间尺度内产生
10^4	10000	距今这个数量级的时间尺度内，现代人走出非洲，最终进入农耕文明
10^5	100000	距今这个数量级的时间尺度内，早期人类走出非洲
10^6	1000000	距今这个数量级的时间尺度内，“人类老祖母”阿法南猿“露西”出现，人类诞生
10^7	10000000	距今这个数量级的时间尺度内，灵长类出现
10^8	100000000	距今这个数量级的时间尺度内，陆地植物、被子植物出现，恐龙灭绝，哺乳类走出洞穴
10^9	1000000000	距今这个数量级的时间尺度内出现：地球，生命，原核细胞，真核细胞
10^{10}	10000000000	距今这个数量级的时间尺度内，宇宙因“大爆炸”产生

第一篇

生命是什么

生命是什么？如果在大学中随机地向44岁以下的青年人（按世界卫生组织“青年人”的标准）提出这个问题，估计不少人听说过薛定谔（Erwin Schrödinger）出版于1944年的《生命是什么》（*What Is Life?*）这本书，听说过“负熵”这个概念。如果向大学生物学教授提出同样的问题，估计所有人都会知道这本书和这个概念，但八成的人都不会对这个问题给出自己确定的答案。有人统计过，在目前国际上有关文献中，对“生命是什么”（what is life）有200多个定义，但好像并没有一个得到广泛认同。

如果说“生命是什么”这个问题回答起来需要很多专业知识，从而难以对“生命”给出被广泛接受的定义的话，那对什么是“活”，是不是应该很容易回答呢？我在教学生涯中发现，虽然每个人在对话中使用“活”字时很少会被对方误解，但可能很少有人会去查阅词典中对“活”字的定义。因此可能更少有人意识到，我们自以为理解其含义的“活”，居然是作为“死”的反义词而被定义的，而且“死”字与“活”字的内涵原来是循环定义的！

在研究生涯的某一阶段，我忽然发现，研究生物的人总是在问“生命是什么”，可是从不去问“‘活’是什么”。这个问题，为我提供了一个观察和思考生命现象的全新视角，并发展出一套对生命系统的全新解读。

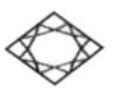

人类语言中的"活"指的是什么

不知道有多少人认真地想过"什么是'活'"这个问题。说来惭愧，虽然我在1977年参加"文化大革命"后的第一次高考，来年2月进入安徽农学院做学生之后，基本上一直以研究植物为自己的工作，可是直到2012年，我才第一次意识到，自己从来没有认真地思考过"什么是'活'"这个问题。

让我意识到这个思维盲区的契机，是我参与的本科生教学活动。当时，我的同事王世强教授希望在他主持多年的生理学课程中增加一点有关植物的内容，帮助学生们意识到"生理学"所要揭示的规律不只是动物特有的规律，应该是包括植物在内的多细胞生物共有的规律。

虽然我在读本科时最喜欢的课就是植物生理学，后来攻读硕士和博士研究生时的专业也都是植物生理学中的发育部分，但直到接受王世强教授邀请参与他的生理学课程之后，我才意识到，自己尽管很熟悉"植物生理学"这门学科所涵盖的内容，却从来没有认真研究过"生理"两个字本身的含义，尤其是从未追问过生理学的定义——"一个研究生物功能的学科"——中，生物的"生"字的含义是什么。换句话说，在提到"生物"时，我没有追问过什么是"生"，或者说，当说"生物"是"活"的时，从未追问过什么是"活"。

意识到这个问题之后，我去查阅了不同的中英文词典，意外地发现,在这些词典中,“生”或者“活”的词义,都是作为“死”的反义词,两者是相互定义的。这下就麻烦了,要问“生”或者“活”是什么意思,就得先问“死”是什么意思,反之亦然。结果,“生”(或者“活”)与“死”之间形成了循环定义(图1)。

活

1. 生存;有生命(跟“死”相对):~人|~到老,学到老|鱼在水里才能~。
2. 在活的状态下:~捉。
3. 维持生命;救活:养家~口|~人一命。
4. 活动;灵活:~水|~页|~塞|~靶子。
5. 生动活泼;不死板:~跃。
6. (~儿)工作(一般指体力劳动的,属于工农业生产或修理服务性质的):细~儿|重~儿|稼~儿|干~儿。
7. (~儿)产品;制成品:出~儿|箱子上自己着铜~儿|这一批~儿做得很好。
8. 真正;简直:~现|这马画得~似真的|这孩子说话~像个大人。

死

1. 失去生命(跟“生、活”相对):~亡|~人|这棵树~了|~棋|~火山。
2. 不顾生命;拼死:~战|~守。
3. 至死,表示坚决(多用于否定式):~不悔改|~不认输|~也不松手。
4. 表示程度达到极点:笑~人|高兴~了|~顽固|~沉(分量极重)。
5. 不可调和的 ~敌|~对头。
6. 固定;死板;不活动:~脑筋|~心眼儿|~规矩|~水|开会的时间要定~。
7. 不能通过:~胡同|~路一条|把漏洞堵~。

图1 “活”与“死”词义对比

“生”(或者“活”),对我们每一个人来说好像是与生俱来的(这里就避不开一个“生”字了),而且是须臾不可离开的。可是在词典上,对什么是“生”(或者“活”),却要靠“死”来定义。当然,“死”虽然听起来可怕,却是每个人迟早要面对的结局。

有趣的是,在现代社会中,一个人是不是“活”着,好像可以自己说了算,可是一个人是不是“死”了,常常就不是自己可以说了算的,大多数情况下得是医院的医生说了算。可是医生们凭什么来断定一个人究竟是“活”着还是“死”了呢?曾经是根据有没有呼吸,后来是有没有心跳,现在一般看脑电波有没有起伏。但是,我们知道,在现代医学范围内,一个被医生判定为“死亡”的人,体内的器官在一定的时间范围内可以被取下并移植到其他人体内正常工作。这就带来了一个问题,那就是“死”人体内的器官、组织、细胞在那个时间段中不还是“活”的吗?在这种情况下,我们说一个人“死”了,指的是一个人的整体,还是指他的全部构成组分?在构成组分还“活”着的情况下,把一个人的整体称为“死”了,这个“死”指的究竟是什么?

这里需要给大家讲一个例子。早在20世纪50年代,植物学研究者就成功实现了将胡萝卜中的细胞培养形成一个完整的植株。近年在生物医学界,研究者也可以用动物皮肤细胞或者其他细胞,培养成所需要的细胞,甚至完整的胚胎。从这个意义上,“死”人身上的那些可以移植的“活”的细胞,如果通过培养而成为一个新的个体,那么该认为那个“死”去的人究竟是死了,还是没有死?既然无法判断那个人是不是“死”了,那从上面有关“死”和“活”循环定义的情况来看,该怎么判断一个人是“活”着呢?

更有甚者,道金斯(Richard Dawkins)在《自私的基因》(*The Selfish Gene*)中有一种观点:每个生物体不过是基因的载体,是基因保留和扩增自己的工具。虽然现代生物学的技术还不足以让人们仅以一个人的基因来重新构建一个个体,但把一个人的基因保存几十年不是问题。如果哪一天,我们可以单独从基因构建个体,那么按照道金斯的观点,人不就可以永生了吗——基因一直都在。如果是这样,根据前面所说有关“生”或“活”的循环定义,没有了“死”,又该如何定义“什么是‘活’”呢?

其实,在参与王世强教授的生理学课之前,我还有一个机会面对什么是“死”的问题。2010年,选修我的名为“植物特有生命现象”的课程的北大物理学院本科生史寒朵同学在听过我讲“植物发育单位”概念之后,问了一个问题:怎么判断一株植物“死”了呢?在听到她的问题之前,我对植物发育的思考主要集中在一个问题,即如果植物生活周期以合子(受精卵)为起点,它的终点在哪里。这个问题我在读博士的时候,曾经问过我的导师。他的答案是,植物生活周期没有起点也没有终点。这个回答的依据是,植物细胞通过组织培养可以形成完整的植株。因此,从形成一个植株的角度讲,在植株生长的任何时间点上,在任何部位取出活细胞(又涉及"活"的问题),都可以培养出一个完整的植株。

后来,我向遇到过的多位国内外顶级植物学家同样问过"植物生活周期的起点和终点是什么"。他们的回答要么和我的导师类似,要么说植物生活周期只有起点没有终点。后者显然是错的。因为如果没有终点的话,植物的下一代的合子从哪里来呢?

虽然从前辈和权威那里没有得到令人信服的回答,但是通过做博士后期间的一个研究课题,我终于意识到植物生活周期的起点是合子,而终点是由配子即精细胞和卵细胞融合而成的下一代合子。我曾经专门写过一篇文章,把这个过程称为"有性生殖周期"*。我论证过,这个"有性生殖周期"本质上是一个特殊的、经过修饰的细胞周期,即一个二倍体细胞变成两个二倍体细胞。相应于这个结论,一株植株不是相应于一个人或者一只猫的个体,而是一个相应于一丛珊瑚的聚合体。原因很简单:每一个最终形成生殖器官的分枝都可以完成生活周期,而一棵植株可以产生很多分枝。但是,在史寒朵同学提出问题之前,我还真没有认真想过怎么判断一株植物的"死"。她的提问让我开始关注这个问题。一次在检索文献时,我偶然发现在一个专门讨论植物死亡的网站中,引用了一句奥地利哲学家维特根斯坦(Ludwig Josef Johann Wittgenstein)有关死亡的话:死亡并非生命中的一个事件(death is not an event in life)。这个说法倒是打破了词典中"生"(或者"活")与"死"之间

---

* Bai S N. The concept of the sexual reproduction cycle and its evolutionary significance. *Frontires in Plant Science*, 2015, 6:11.

的循环定义。但仍没有回答“死”或者“活”究竟是什么。

我想在下一章再讨论我对“什么是‘活’”这个问题的回答。这章的故事是希望以我自身的经历告诉大家，很多我们耳熟能详的、脱口而出的概念，其实并没有经过我们认真的思考。这意味着我们可能并没有真正理解其含义。换句话说，我们经常并不清楚我们在说的是什么。这在很多情况下既不影响我们的吃喝拉撒睡，也不影响我们谈情说爱、传宗接代，甚至不影响我们在现代社会遵章守纪地做一个好员工、好公民。可是，一旦我们不仅希望知其然，还希望知其所以然，遇事要多问一个“为什么”的时候，了解自己在说的究竟是什么，就变得非常重要了。

就我们现在的话题而言，不了解“什么是‘活’”完全不影响我们活着，毕竟，我们的“活”不是由“什么是‘活’”这个问题的答案决定的。恰恰相反，是因为我们“活”着才能提出这样的问题。但要理解我们这个社会为什么会走到今天，我们在生活中怎么选择才既对自己有利又对社会有利，恐怕还真得从“什么是‘活’”这个问题的探索开始，也就是要上溯到10的9次方年的时间尺度上。

先有“活”还是先有“生物”

从上一章可以看出，谈到与“活”相关的话题，一般人都会跟具体的“生物”联系在一起，似乎“有生命的物体”才应该是讨论的对象。但细究起来，回答可能要复杂得多。

就我所知，生命科学领域里一般没有什么人去问“什么是‘活’”，但大概都知道有一位得过诺贝尔奖的物理学家叫薛定谔，他在1943年做过一个题为“什么是生命？”(What Is Life，一般翻译为“生命是什么”)的演讲。由于各种“机缘巧合”，薛定谔的这个演讲题目成为生命科学领域万众瞩目的“未解之谜”。可是有趣的是，以生物学研究为职业的人却鲜少直接去研究“生命是什么”这类问题。所有人都说一个问题重要，但却极少有人愿意去动手解决它，这好像是一个独具生命科学特色的怪现象。

对上述现象我的解释是，因为生物的构成太复杂了。研究者通常只能以“具体的生物体的具体组分的具体过程或现象”为实验研究的对象。不能以实验加以检验的问题，一般都不被认为是真正意义上的科学问题。可是，能够用实验加以检验的问题，基本上都是关于生物体的一鳞半爪的问题。以实验研究为职业的人中，没有什么人会基于他们具象的实验研究结果，来声称他们在回答“生命是什么”这样的大问题。

尽管如此，还是有一些人(常常是有哲学家味道的学者)试图通过对大量实验研究结果的梳理归纳，来寻找问题的答案。如果在亚马逊英文网站上检索，可以发现，除了根据薛定谔演讲出版的*What Is Life?*一书之外，还有6本同名的书，国内名为《生命是什么》的书也不止一本。仅从我个人对这些书以及其他相关书籍和文献的阅读中就发现，有关“生命是什么”的答案至少有二三十种。

对这些表述加以分析之后，我发现，目前有关“生命”的定义一般包含三个要素：第一，生命是一种特殊的物质，比如作为基因载体的核酸；第二，生命是一种特殊的过程，比如代谢过程或者非线性动力学过程；第三，生命是一种特殊的信息，比如由DNA上碱基排列方式所编码的信息。美国加州索尔克研究所生物学家乔伊斯（Gerald Joyce）在1994年提出过一个表述，后来被美国航空航天局作为他们对“生命”的官方定义：Life is a self-sustained chemical system capable of undergoing Darwinian evolution。翻译过来就是“生命是可以进行达尔文式演化的自我维持的化学系统”。

可是，如果一定要较真的话，我们可以去追问，究竟是只要满足上述三个要素之一就可以被称为“生命”，还是必须同时满足上述三个要素才可以被称为“生命”，或者这三个要素都不能反映“生命”的本质？在我的知识范围内，好像没有人对这样的问题给出过明确的回答——当然不排除我的这种归纳和问题本身就不成立。但回到上一章所提出的“生”或“活”与“死”的问题，我们可以问一个可能很幼稚，但比较不容易出错的问题，那就是：“生命”等于“活”吗？或者换一种说法，“生命是什么”的问题是不是等同于“‘活’是什么”？

我对这个问题的思考其实与上一章中对“植物生活周期的起点和终点”这一问题的追问有关。在意识到植物生活周期是一个从合子到配子（精细胞、卵细胞）形成下一代合子的过程之后，下一个问题就是这个过程为什么是从合子到配子再到配子融合成下一代合子，而不是反过来——从配子通过分化形成合子?

根据热力学第二定律,大爆炸宇宙中的自发过程都沿着熵增加或者自由能下降的方向进行。植物生活周期如果是一个自发过程的话,那么从合子到配子的过程也会是一个熵增加或者自由能下降的过程吗?显然,由于合子和配子都是细胞,细胞这样的结构太复杂了,这样的问题是不可能有答案的。那么简化到一个细胞内的生物化学反应,它们的出现是自发的吗?再简化到细胞出现之前,那些将来会成为细胞内"生命活动"一部分的化学反应,或者说分子间的相互作用,哪些可能会是自发产生的呢?

我曾经因研究工作需要,请求我的同事、从事蛋白质结构研究的苏晓东教授的帮助。同时,在过去十多年的时间中,我有幸参加过他实验室的研究生考核和毕业答辩。在与他的合作中,我得以了解更多有关蛋白质结构的知识。这些知识让我得出一个简单的结论:生命活动中最有特点的功能,比如作为蛋白质的酶的催化、作为DNA序列的复制和转录所必需的碱基配对、作为细胞所不可或缺的膜的形成,都离不开分子间力的相互作用。

所谓分子间力,指的是以氢键为代表的、相对而言比较弱的分子间相互作用。这种相互作用能量比较低,因此比较容易因周边环境因子的改变而被打破。比如,四五十摄氏度的"高温"就可以让蛋白质变性(煮熟了),五六十摄氏度的温度(根据核酸的组成而有所不同)就可以让DNA的双链解体。但构成蛋白质或者核酸大分子长链的共价键并不会因此改变。因此,对于变性的DNA,如果逐步降低温度,基于碱基配对的双链结构还可以自行恢复(当然,变性蛋白质的结构恢复就要复杂一些)。

如果生命大分子最有特点的功能都依赖于分子间力,那么碱基配对、氨基酸相互作用等基于分子间力的相互作用,其实都是复杂生命大分子（比如蛋白质或者核酸）构成单元之间的相互作用。如果把这些复杂的生命大分子之间的相互作用，简化为它们的构成单元之间的相互作用，那么是不是最初的具有“生命活性”特点的过程，就是碳骨架分子*之间以分子间力相互作用的过程呢？如果这个推理是成立的，那么最初的、碳骨架分子之间以分子间力相互作用的过程会不会自发形成呢？如果这个过程可以自发形成，它们可能会具有什么特点呢？

我在前面提到，按照热力学第二定律，大爆炸宇宙中的自发过程都是向自由能下降的方向进行的。假设每一个碳骨架分子单独存在时都有一定的能态，同时某些碳骨架分子以分子间力相互作用而形成复合体时，复合体的能态比两个组分单独存在时的能态低，那么只要有足够多的碳骨架分子，总有可能自发地出现以分子间力相互作用而形成的复合体。

由于此时的复合体是基于分子间力相互作用而形成的，所以如果在复合体形成之后遇到比如温度升高之类的扰动，分子间力被破坏，复合体解体，构成复合体的碳骨架分子又回到单独存在的状态，那么在扰动消失之后，它们又可以因组分单独存在时与形成复合体时的能态差，重新自发形成复合体。这岂不是出现了一个碳骨架组分在“单独存在”与“以复合体形式存在”两种存在形式之间自发形成和扰动解体的循环？

用一个相对“学术”一点的表述就是，在一定条件下，碳骨架分子可以自发形成以分子间力为纽带的复合体，并以此为节点，偶联两种不同属性的自发过程——复合体自发形成与扰动解体——从而形成一个以

* 构成蛋白质大分子的氨基酸、构成核酸大分子的核苷酸都属于碳骨架分子。但氨基酸与核苷酸已经很复杂了，还有更简单的碳骨架分子，比如甲烷。所谓“简单”和“复杂”在结构上的具体含义，大家可以上网检索。

结构(即复合体)换能量(能态差、分子间力和打破分子间力的扰动都属于能量范围)的非可逆循环,简称"结构换能量循环"。

这个"结构换能量循环"虽然简单,却反映了生命系统中大分子合成与降解或者生命大分子复合体的形成与解体过程所具有的基本特点。因此,可以将其定义为最初的"活"(彩图1)。这就是我对"什么是'活'"这个问题的回答。这种对"活"的定义所指的不是一种特殊的物质,而是一种特殊的物质存在形式。但这种存在形式与人们感官经验中的"生物"概念相距甚远,而且不依赖于"生物"的存在而存在,因此跳出了传统上的"活"与"死"的循环定义困境。

"结构换能量"这个想法可以追溯到2007年。经过好几年的自我质疑与思考,2014年在北京大学北京国际数学研究中心葛颢教授的帮助下,我们为这个"结构换能量"的过程提出了一个数学描述。在2015年之后的三年间,美国西雅图华盛顿大学钱纮教授也参与到这个概念的讨论中,他渊博的学识让我见识了不同学科的专家探讨生命本质及其规律的不同方式。在他的帮助下,我们最终把从"结构换能量循环"的角度定义"活"的想法整理成一篇学术论文,发表在《中国科学:生命科学》(英文版)(*Science China Life Sciences*)上*。

从彩图1可以看到,我们假设的"结构换能量循环"虽然在理论上是可以存在的,在实验上也值得去检验,但这个过程只是一个碳骨架分子从单独存在状态到复合体存在状态之间的简单循环,本质上只是一种物理化学过程。这也是很多我的同事并不认同我们将"结构换能量循环"定义为"活"的原因。

---

* Bai S, Ge H, Qian H. Structure for energy cycle: a unique status of second law of thermodynamics for living systems. *Science China Life Sciences*, 2018, 61(10):1266–1273.

可是，如果认同“生命”是自发形成的，而不是某种超自然力量的创造产物，认同生命系统是由碳骨架分子构成的特殊的物质存在形式，那么就不可避免地存在一个从“非生命”的物理化学过程向“生命系统”的转折点。这个转折点为什么不能是我们这里描述的“结构换能量循环”呢？

当然，尽管我们将“结构换能量循环”定义为“活”，也需要明确地指出，“活”只是生命系统形成的起点，仅有“活”的过程，并不足以标志“生命”的出现。换句话说，“活”并不等同于“生命”。如同在一个笛卡儿坐标系中必须有一个“原点”，但只有原点不足以构成一个坐标系、原点不等于坐标系一样。我们这里讨论的“结构换能量循环”并不依赖于任何目前已知的生物体的存在而存在。换言之，基于我们这里对“活”的定义，在这个世界上是先有活的过程，“生物”只是“活”的过程的衍生及迭代产物，而不是如目前主流生命观所认为的，“活”只是“生物”的一种属性。生命系统如何以“活”的“结构换能量循环”为起点而形成，下一章再继续讨论。

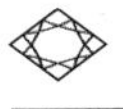

生命大分子中的共价键最初会自发形成吗

在前两章,我尝试回答了"什么是'活'"的问题,并提出"活"不等同于"生命"。那么"生命"是什么?我的看法是,"生命是什么"这个问题之所以难以回答,一个很重要的原因是,"生命"这个概念包含的内容太复杂。

在和朋友讨论这个问题时,有人明确表示,细胞是生命的基本单位,比细胞更简单的结构、系统或者过程,都不能被视为"生命"。这种看法会引出至少两个逻辑困境。第一,人类目前已知的细胞都是包含很多不同类型分子的复杂结构。如果把细胞看作"生命"和"非生命"的边界的话,那么要将那么多不同类型的分子通过一步变化形成复杂结构,无异于把拆解为一地的波音747飞机零配件靠一阵风吹成一架飞机*,其概率之小,仅凭目前人类对物质世界的认知是无法解释的。

第二,目前很多"生命科学"研究都是以特定的细胞组分或者特定的大分子结构为对象。所谓细胞生命活动,大部分是作为细胞构成要素的生命大分子的形成、解体和相互作用。如果把"生命"限定于细胞以上的层面,那么对细胞组分的研究就都被排除在"生命科学"研究的

* 这个比喻源自贝希(Michael J. Behe)所著的反达尔文演化论的书《达尔文的黑匣子》(*Darwin's Black Box*)。

范畴之外了。上一章提到，目前学界对"生命"的定义莫衷一是。这说明，在回答"生命是什么"这个问题之前，搞清楚"生命"这个概念的含义是无法回避的一个挑战。

上一章论证了什么是"活"。即根据构成生命活动最重要的两个特点——酶催化的分子机制（不同氨基酸在分子间力作用下形成特定的空间结构）和遗传信息传递与表达的分子机制（不同核酸，即DNA或者RNA，分子之间基于氢键的碱基配对），把这些大分子之间分子间力的相互作用，拆解成以其构成单元甚至更小的碳骨架分子为单位的相互作用，把"活"定义为碳骨架分子在独立存在和自发形成的复合体这两种状态之间的非可逆的"结构换能量循环"。

同时，还可以把"结构换能量循环"表述为："特殊组分"（即以碳骨架分子为主的组分）在"特殊环境因子"（即打破复合体形成所需分子间力的外来能量扰动）参与下的"特殊相互作用"（如碳骨架分子基于自由能差而自发形成以分子间力相连接的复合体），简称"三个特殊"。需要强调的是，此时的"三个特殊"过程只是一种物理化学过程。我们可以将其看作生命系统的起点，一个从非生命的物理化学过程向"生命系统"形成的转折点。但是，仅有"三个特殊"出现还不足以说明"生命"出现。为什么？

道理其实很简单，即"三个特殊"过程只是简单的碳骨架分子在其单独存在和复合体存在这两种状态之间的转换，而目前所知的生命系统中，主要构成要素都是复杂的生命大分子，即蛋白质（多肽）、核酸、多糖和脂类（图2）。这些生命大分子都是由某一类构成单元（如蛋白质中的氨基酸、核酸中的核苷酸、多糖中的单糖、脂类中的碳）通过共价键关联在一起所形成的链式分子。

这些生命大分子都是怎么形成的？现代生物学教科书告诉我们，多糖和脂类是不同种类的酶（一类有催化功能的蛋白质）催化形成的，

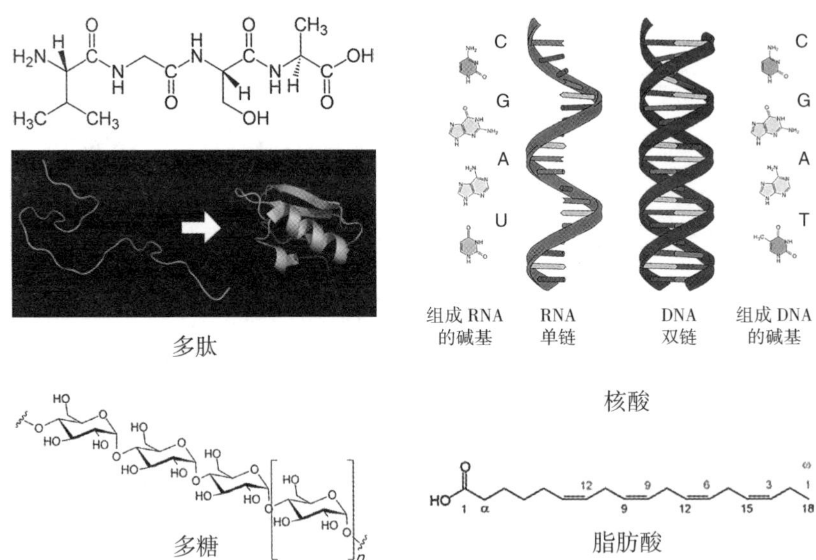

图2　几种生命大分子的结构示意，线条代表共价键。多肽是由20个以上的氨基酸组成的分子，有些具有生物活性。蛋白质可能由一条多肽链构成，也可能由多条多肽链构成，都有生物活性，并且具备一定的空间结构。脂肪酸是构成各种脂类分子的基础

酶和其他蛋白质是由一些特殊的酶，根据核酸携带的遗传信息合成的，而遗传信息的传递，即DNA和RNA本身的合成，还是依赖于酶。那么，这些生命大分子最初是如何形成那么复杂的关系？很多人将其归因于基因。那么基因（其实就是一段DNA序列）最初又是从哪里来的？这个问题是目前生命科学界一个众说纷纭的问题。显然，要说清楚“生命”是什么，就不得不为生命大分子的最初形成给出一个合理的解释。而考虑到生命大分子多是链式分子的特点，问题又可以被进一步简化为：这些链式分子的不同构成单元之间，最初是如何因共价键被串联在一起的，简而言之，共价键是如何自发形成的。

有关这个问题，我们基于“结构换能量循环”提出了一个新的可能性：在碳骨架分子形成复合体之后，复合体所形成的特殊表面，可能影

响作为复合体组分的碳骨架分子的外围电子分布，降低了共价键形成所需要跨越的势垒，使得碳四个电子中的一个与周边其他碳原子形成共价键（自催化），从而将两个碳骨架分子串联起来。如果此时复合体周边存在其他具有催化功能的组分（如硫化铁），或许更有利于这个过程的发生（异催化）。有趣的是，如果出现共价键自发形成将两个甚至更多碳骨架分子串联的情况，则可能会因为碳骨架分子数量的增加而强化原本“结构换能量循环”过程中以分子间力相互作用所形成复合体的进一步形成，从而产生一种有利于链式大分子形成的“正反馈”过程（彩图2）。上述过程解释了共价键的自发形成，也解释了为什么现存生命系统中的生命大分子都是链式的。

如果上述过程的确可以发生（和“结构换能量循环”一样需要实验的检验），那么可以看到，在作为“结构换能量循环”节点的复合体的基础上，“结构换能量循环”的“三个特殊”中的“特殊组分”及其“特殊相互作用”会因为共价键的自发形成而出现改变。如果将这种改变称为“迭代”，可以发现，这种“迭代”的出现，使得“结构换能量循环”衍生出正反馈属性，构成“结构换能量循环”的“三个特殊”——特殊组分、特殊环境因子、特殊相互作用——都会变得越来越复杂。虽然，这种可迭代的“三个特殊”还只涉及生命大分子的最初形成，与细胞形成还相去甚远，但已经具有了复杂性自发增加的特点——这种以分子间力为纽带的复合体从简单到复杂的自发过程，本质上不正是达尔文（Charles Darwin）在他的《物种起源》（*On the Origin of Species*）中以“生命之树”来描述的现存地球生物圈内各种复杂的生物类型起源与“演化”（evolution）的过程吗？两者不过是复杂程度不同而已。因此，我们把基于复合体的自催化或者异催化的“三个特殊”相关要素的复杂性增加过程称为“达尔文迭代”。

基于上面的分析可以看到，在一定的条件下，在“结构换能量循环”

的基础上，生命大分子所必需的共价键可以自发形成（当然，现存生命系统中的生命大分子形成有更高效的形式）。这使得碳骨架分子在“结构换能量循环”这个“活”的过程的基础上，自发迭代出各种越来越复杂的组分与相互作用。辅之以不同环境因子的特殊变化，可迭代的“结构换能量循环”可以从简单的碳骨架分子迭代出链式生命大分子、生命大分子之间相互作用的双组分系统、中心法则所描述的“特殊组分”生产流水线、生命大分子网络，以及由生命大分子网络中的组分（即质膜）将网络包被起来而形成细胞、真核细胞（如酵母）、多细胞真核生物（包括我们人类自身），再到整个地球生物圈*。这是一个跨越10的9次方年的宏大历史过程。

能不能从这个宏大的历史进程中找出生命的本质及其基本规律？这当然不是一件容易的事情。但随着对生命现象的理解和对社会问题的思考的深入，我越来越相信，如果不从生命的角度来看待人类行为，我们将无法有效地理解与应对当下社会的各种矛盾与冲突；而要从生命的角度来解释人类行为，我们就不得不对“生命”是什么给出一个客观合理的解释。结合上一章所讨论的内容，可以用下列的简单公式来给出我对“生命是什么”这一问题的回答：

生命=“活”+“演化”（达尔文迭代）

我想，就我所掌握的信息要为如此宏大的命题给出解释难免出错，但考虑到那些备受推崇的学者给出的解释也许并没有比上述公式更具有说服力，上述公式起码可以忝列于各种解释之中，供大家比较和选择。

---

* 有关这个问题的论证过程相对而言比较复杂，远远超出了本书讨论的范围。从2016年开始，我在北京大学的暑假学期开设了一门面向全校各专业本科生的课程“生命的逻辑”。这门课程有32学时。希望近期能将讲义整理出版，让更多的人有机会了解与评判我们的观点。

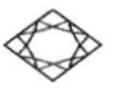

在玩乐高积木时，我们玩的是什么

在上一章中，我对“生命是什么”这个问题给出了一个答案，即“生命=活+演化(达尔文迭代)”。其中，“活”是“特殊组分”(即碳骨架分子)在“特殊环境因子”参与下的(以分子间力为纽带的)“特殊相互作用”，即“结构换能量循环”。而“演化”是上述“三个特殊”相关要素的复杂性自发增加的过程。

这种对“生命”本质的解释与目前主流的生命观相比，有一个基本的不同：前者强调“生命系统”的本质是一种特殊的物质存在形式，而不是一种特殊的物质。这个判断对本书的主题具有非常关键的作用。如果将“生命”看作一种特殊的物质，那么追踪最初的“生命物质”将不可避免。于是，“硅基生命”的猜测、“基因中心论”的思想、生命起源的RNA世界的假说等应运而生。

可是，如果将“生命”或者“生命系统”看作一种特殊的物质存在形式，即“特殊组分”(碳骨架分子)之间在“特殊环境因子”参与下的“特殊相互作用”，我们的视角就会有很大的不同。我曾经努力为这一新的生命观寻找一个便于理解的比喻。后来，我找到了乐高积木。

过去20年在中国大中城市长大的孩子可能都玩过乐高积木或者类似品。我自己小时候玩的积木很简单，就是用一些几何形状的木块，拼搭出一些种类有限的建筑模型。我儿子小时候，我给他买的乐高就不一样了:可以用不同形状的零配件拼搭出各种稳定的模型。零配件是买玩具时被配置好的。可是搭成什么样的模型,可以根据玩者的想象而定(图3)。显然,玩乐高积木时,人们关注的是用现有的零配件能拼搭出什么样的模型,而不是零配件从哪里来的,或者是怎么生产出来的。

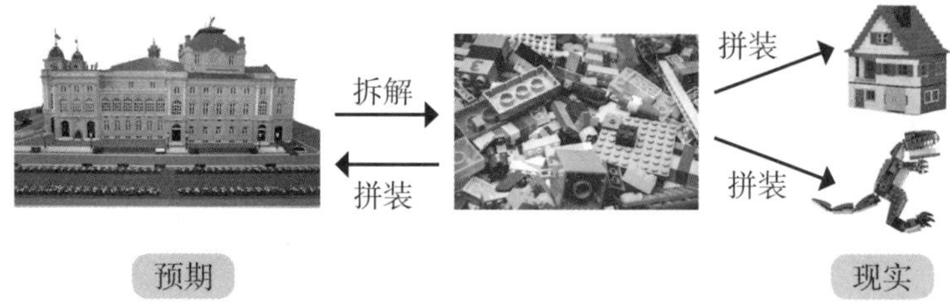

图3　乐高拼接——从孩子拆玩具到科学家探索未知自然。对于人类如何探索未知,乐高拼接能作比喻。探索的第一步是把观察对象拆开来看,然后看能否再拼回去。但拼装未必总是拆解的逆过程

乐高积木的比喻,是否有助于我们对生命的本质及其基本规律的解读,从而更好地理解"生命"本质与"人类行为规范的是非标准的终极依据"之间的关系呢?乐高积木的玩法与对"生命"本质的解读之间有什么关系呢?

简单来说,大概有两点可以参照。第一,我们所关注的所谓"生命"的本质,是指向"零配件"还是指向由零配件拼出来的"模型"?没有零配件显然是无法拼搭出任何模型的,但是只有零配件是不是就完成了乐高积木游戏呢?从乐高积木本身设计的角度来看,显然不是。

相应地回到对生命系统的研究上。在过去几百年,人们一直试图理解生物体究竟是怎么构成的。从最初对生物体外形的描述,到后来对结构的解剖,再到后来细胞学说的提出,再到发现细胞由一些大大小小的分子按照特殊的相互作用方式组装而成,然后又发现生命大分子中蛋白质的序列是由基因序列决定的。于是人们认为,只要解析了编

码在DNA序列上的遗传信息，就可以读懂“生命”这部天书了。

但是，对比乐高积木的玩法就可以发现，蛋白质只不过相当于乐高积木中的零配件。破解DNA上的遗传信息，证明中心法则的普适性，不过相当于知道零配件是怎么生产出来的。可是对于零配件是怎么拼搭的，DNA上的遗传信息和中心法则本身并没有给出答案。这不是说通过基因测序的方式破解各类生物（包括人类自身）的遗传密码、发现中心法则等科学进展不重要——没有这些进展，我们根本不可能在这里讨论乐高积木与解读生命的关系这样的话题，而是说，知道了乐高积木的零配件是如何生产出来的，并不等于知道了这些零配件能搭些什么、怎么搭、搭出来的东西哪些能更好地存留下来。

第二，消费者购买乐高积木时所面对的是一堆零配件、一张装配图和几样简单的工具，而不是被拼搭好的模型。可是，人们所面对的、试图了解的生命系统首先是10的9次方年的时间尺度中演化出来的各种不同的“成品”，相当于乐高积木中那些被拼搭好的模型。在“游戏”开始时，我们并不知道这些“成品”是由什么“零配件”、按照什么规则被拼搭起来的。了解这些“成品”形成方式的唯一办法，就是把它们拆开。如果能把拆开的部分装回去，大概就说明我们对这些“成品”的构成方式的了解是对的。可是，当我们把这些“成品”拆到一定程度，发现不同“成品”的零配件都差不多的时候，乐高积木游戏中一个最具挑战性的问题出现了：为什么差不多的零配件可以拼搭出完全不同的模型呢？这个问题就不是通过拆解“成品”所能回答的了。那怎样才能回答呢？

前文为有关“三个特殊”的“活”及“迭代”（即在“结构换能量循环”中自发形成的复合体的基础上，因为自催化或者异催化而自发形成共价键的过程）给出了一个新的思路，即“自发形成、扰动解体、适度者生存”。这个思路的关键在于，强调“结构换能量循环”包括其相关组分的迭代都是自发形成的。由于它们之间的相互作用基于分子间力，可以在环境因子的扰动下解体,但作为这个动态过程节点的复合体可以具有一定的存在概率。不同组分之间的相互作用可以形成存在概率不同的复合体。最后,存在概率高(适度)的相互作用形式可以作为进一步迭代的基础,从而成为生命系统演化中的环节。

在过去一两百年对生物体进行越来越细致的拆解之后,现在大概是时候从"拼装"或者"整合"的角度来看待生命系统的形成过程了。这就是前文中对于什么是"活"、什么是"生命"的回答所蕴含的与之前生命观稍有不同的思路。

在这里用乐高积木作比喻来解释我对生命系统本质的解读,与之前的生命观的不同看似新鲜,但其实,该观念从历史的角度看并没有特别的新颖之处。古希腊的赫拉克里特(Heraclitus)就认为,世间万物都是不断变化和相互依存的。因耗散结构理论而获得诺贝尔化学奖的普里戈金(Ilya Prigogine),在他与希腊学者的对话*中提出,世界的变化源于相互作用。因在基因表达调控机制研究中提出"操纵子"模型而获得诺贝尔奖的雅各布(François Jacob),在他出版于1970年的遗传学史著作 *Logic of Life*(《生命的逻辑》)中,甚至创造了一个词Integron,来表达生命系统中不同组分之间的相互作用。这个词并不流行,因此一般的英文词典并没有收录,但在翻译网站上被翻译为"整合子"。雅各布用Integron一词所要表达的意思是,从微观到宏观的生命系统中的各种现象,都可以从不同组分的相互作用中找到解释。在这里需要注意的是,雅各布提出的这个词的含义与20世纪90年代有人把一个特殊的基因表达调控序列称为"整合子"的含义是不同的。我在本书中所用的"整合子"概念是雅各布的原义。

---

* Ilya Prigogine. *Is Future Given*. Athens: WSPC, 2003(本书有中文版:《未来是定数吗?》,伊利亚·普里戈金著,曾国屏译,上海科技教育出版社2005年出版)。

作为生命系统形成的起点(类似笛卡儿坐标系的原点),如果用一个简单的词来表述“结构换能量循环”,其实就是一个最简单的“整合子”。以共价键自发形成为起点而衍生的“三个特殊”相关要素的复杂化,其实就是“整合子”的迭代。因此,生命系统可以看作由复杂程度不同的可迭代整合子关联而成,且到了一定复杂程度之后不同层级的子网络可以独立运行的一个巨大的网络。(有关生命系统子网络的层级性,下文还会再讨论。)

对于为北京大学本科生们开设“生命的逻辑”课程所讲授的内容,我还给了一个副标题——“整合子生命观”概论。与前人论述的不同之处是,我对生命系统中相互作用组分给出了一个具体的限定,即碳骨架分子。在我看来,强调生命系统的本质是以碳骨架分子为“特殊组分”、以分子间力为相互作用纽带的“结构换能量循环”这一点非常重要。这限定了当我们在这里讨论“生命”这个概念时,所讨论的是一种特殊的物质存在形式,不是一种特殊的物质,更不是一种抽象的观念。当我们在这里讨论生命系统中的“相互作用”时,所讨论的首先是不同实体分子间具象的相互作用,而不是抽象概念之间的关系。只有这样,我们才能把对生命系统的本质及其基本规律的解读建立在客观合理的基础之上。同时,才能把对“人类行为规范的是非标准的终极依据”的讨论建立在客观合理的基础之上。

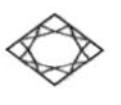

生物是“分”出来的还是“合”出来的

有关人类生存世界的由来传说众多，比较有影响的大概有两大类：一是创世，即由天神（比如上帝或者女娲）创造了世界；二是衍生，即世界在人类出现之前呈一片混沌，后来因为某种机缘，出现了类似盘古的角色开天辟地，最终形成了现在的世界。这两类说法的共同之处在于，人类生存的世界不是“自古以来”就有的，而是因某种机缘而出现的。不同之处在于，前者认为世界是由超越于其外的力量创造的，而后者认为创世是由包含于其内的角色或机缘诱发的。

有关人类生存世界的起源问题，从现代科学的角度讲，可以追溯的是宇宙起源。目前比较受到认可的解释是“大爆炸”学说，即人类现在生存的世界起源于137亿年前的一次大爆炸。这也是开篇词中提到的，理解生命系统的11个时间节点中能够追溯的最早节点。对人类而言，现代人走出非洲是在万年的时间尺度上（目前所知大概六七万年），更广义的人类与近亲黑猩猩分道扬镳大概是在百万年的时间尺度上。而人类和黑猩猩同属的灵长类出现在千万年的时间尺度上……从这个逻辑往前推，似乎人类以及人类的近亲都是从一个共同祖先分出来的——这是达尔文“生命之树”的基本逻辑。

那么有趣的是，最初的那个“生命”，它的祖先是什么，又是从哪里来的？是从什么地方“分”出来的吗？

在人类生存的世界中，共存的不只有生物，还有山川河流。它们其实也有起源的问题。有证据表明，6亿年前的地球完全不是现在的样子（彩图3）。一般来说，对它们由来的研究是地质学家的事情。在过去几百年时间中，地质学家们其实已经有充分的证据证明，山川河流都是由各种各样的分子构成的，比如钟乳石就是碳酸钙堆积的结果。目前的结论是，构成世间万物的各种分子都是各种原子相互作用的形式。已知的原子只有100多种类型（被称为元素）。按照大爆炸学说，这100多种元素都是在宇宙起源的早期，由非常有限的几种最简单的元素（如氢、氦等）在高能状态下聚合而成的*。不同元素的原子再相互作用，形成各种分子，最后形成各种天体，包括天体中的各种成分，比如水。有一种说法认为，地球上的水是在地球形成之初，受到彗星撞击后留下的。这就不是“黄河之水天上来”**了，而是地球之水天上来。

从这个过程来看，宇宙万物好像又是因“合”而成的。

那么，作为“宇宙万物”中的一类，生命系统或者“生物”究竟是因“合”而成，还是因“分”而成的呢？

首先要看的是，在提到“生命系统”或者“生物”时，我们指的是什么。是一个人？是一棵树？还是一个细胞？一个人是由很多细胞聚集而成的，每个细胞最初都来自单个的受精卵细胞。从这个意义上，一个人是由细胞分裂和分化而成的。可现在人们知道，人体细胞的寿命因其所在部位不同而不同。

中国有句古话：身体发肤，受之父母。表2是选我的课的同学找来的一组数据。从上面的数据可以看出，“受之父母”的发肤在出生后没

* 有兴趣的朋友可观看哔哩哔哩网站《科普纪录片：宇宙大爆炸（双语字幕）探秘137亿年前宇宙的诞生和发展历程》。

** 有兴趣的朋友可阅读中科院地质地球所微信公众号文章《什么是黄河?》。

多久就被身体产生的新发肤替换掉了。按照这些数据,除了中枢神经细胞、晶状体细胞、卵细胞等少数类型的细胞之外,人体中的绝大部分细胞在出生10年后(比如骨骼细胞每年要被替换掉10%)就会被全部替换一遍。

表2　体内细胞被替换所需时间

细胞类型	更新时间	细胞类型	更新时间
小肠上皮细胞	2—4天	血液B细胞(小鼠)	4—7周
胃细胞	2—9天	气管细胞	1—2月
中性粒细胞	1—5天	造血干细胞	2月
嗜酸性粒细胞	2—5天	精细胞(雄配子)	2月
结肠隐窝细胞	3—4天	成骨细胞	3月
子宫颈细胞	6天	红细胞	4月
肺泡细胞	8天	肝细胞	0.5—1年
味蕾细胞(大鼠)	10天	脂肪细胞	8年
血小板	10天	心肌细胞	每年0.5%—10%
破骨细胞	2周	中枢神经细胞	终生不更新
肠帕内特细胞	20天	骨骼细胞	每年10%
皮肤上皮细胞	10—30天	晶状体细胞	终生不更新
胰腺β细胞(大鼠)	20—50天	卵细胞(雌配子)	终生不更新

数据来源:Milo R, Jorgensen P, Moran U, et al. BioNumbers: the database of key numbers in molecular and cell biology. *Nucleic Acids Research*, 2010, 38(suppl-1): D750-D753.

用于替代的新细胞从哪里来?直接的回答是,原有的细胞分裂而来。

进一步问:分裂产生的新细胞的组分从哪里来?答:从人体摄入食物中的分子转化而来。

从这个意义上,一个人又是由摄入食物中的分子整合而来。

人们常常说,细胞是生物的基本构成单元。“细胞”的英文cell的原意就是“小房子”。最初,罗伯特・胡克(Robert Hooke)在显微镜下看到的植物组织是由一个个小房子样的单元聚合起来的，就将这些小单元称为cell。后来才知道，他当时看到的小单元的边界，只是植物的细胞壁。对植物（后来发现动物也一样）这样的多细胞生物而言，既然整体是以细胞作为构成单位的，那么细胞与多细胞个体的关系自然常常被类比成砖瓦与房子的关系。可是大家能想象一座房子的砖头瓦块不断被替换的场景吗？不知道大家会不会想到“忒修斯之船”*所表达的困境？

我曾经也被“忒修斯之船”的困境所困扰。在意识到“活”的本质是一种特殊的相互作用之后，我终于理解了，“忒修斯之船”的困境其实是人类感官分辨力局限的结果。

许多人都听过“眼见为实”这句话，可是在相信这句话的同时或许很少有人想到，世界比人类视觉所能触及的范围大了不知道多少倍。中国古人说“天圆地方”，西方中世纪有“地心说”，其实都是人类在感官所能分辨的空间尺度内对自然作出的解释。类似地，人的寿命只有几十年，人类视觉对长于0.2秒以上的变化才可能感知。因此，快于0.2秒（如化学反应）或者慢于100年（如地球板块变化或太阳系的形成和解体）的变化，显然超出了一个人所能感知的范围。这是感官分辨力在时间尺度上的局限。而世界上有无穷的变化是超出人类感官分辨力范围的。

---

* 忒修斯之船，亦称忒修斯悖论，是形而上学领域关于同一性的一种悖论。公元1世纪时希腊作家普鲁塔克（Plutarchus）提出了这个问题：如果忒修斯（Theseus）的船上的木头逐渐被替换为新木头，直到所有的木头被替换一遍，不再是原来的木头，那这艘船还是原来的那艘船吗？在普鲁塔克之前，赫拉克利特（Heraclitus）、苏格拉底（Socrates）、柏拉图（Plato）都讨论过相似的问题。近代霍布斯（Thomas Hobbes）和洛克（John Locke）也讨论过该问题。这个问题有许多不同版本，如“祖父的旧斧头”。

《庄子·外篇·秋水》中说:“井蛙不可以语于海者,拘于虚也;夏虫不可以语于冰者,笃于时也。”如果仅仅基于感官经验对自然尤其是对生命系统进行辨识,并在“眼见为实”的基础上对它们之间的关系加以想象,出现“忒修斯之船”的困境实属在所难免。一旦跳出感官经验的束缚,不把细胞与多细胞个体的关系想象成或者类比为砖瓦与房子的关系,那表2中列出的作为人体构成单元的细胞的寿命与人体的寿命不同步、生物作为一个处在不断分分合合之中的动态存在,就不再是一件难以想象的事情。

在近40年的职业生涯中,我切身体会到一个难以摆脱的困境,那就是我们对世界的认知都来自先辈们对世界的描述。我们生下来所遇到的所有事物都是有名字的,所有的关系都是有解释的。可是,先辈们对世界的描述,尤其是他们在描述事物时所能掌握的信息,与现在相比完全是小巫见大巫。因此,他们所创造的概念以及为这些概念所赋予的内涵,在现在的视角下存在这样那样的局限是可以理解的,例如前文提到的词典中对“活”和“死”的循环定义。可是,不用这些概念,人们又无法沟通对个体、对世界的感知。这种情况显然不是在我这代人才出现的,大概自有语言以来人类就一直面对这种困境。

在对植物学发展史的研究中,我发现,历史上人们应对这种困境的办法其实也很简单,那就是在信息量增加到原有的概念框架所无法包容的时候,换一个概念框架。这就如同孩子长到3岁时穿不进1岁时的衣服怎么办? 换一件更大的。

对于本章所讨论的生命系统究竟是从什么地方“分”出来,还是由哪些组分“合”出来的问题,新的“整合子生命观”给出的答案是:所有的生命系统是在不断的分分合合中可以被人类感官(多细胞生物)或者仪器(细胞或者生命大分子相互作用)所辨识的、具有一定稳健性的动态状态。对人体而言,“稳健性”的时间尺度根据讨论的对象不同而不同。

对构成人体的大部分细胞类型而言，每个细胞稳健性的时间尺度不会超过10年，但作为一个细胞集合的人体，稳健性的时间尺度可以到几十年。如果仍然觉得这种现象很神奇而无法理解，一个简单的解释是，你可能陷入某种之前形成的思维定势。想想人类感官分辨力的局限，或许我们可以从过去的思维定势中跳出来。

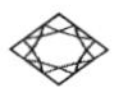

生命究竟是“坚韧的”还是“柔弱的”

古人的警句格言给人的忠告时常南辕北辙，让人无所适从。比如一方面是“天行健，君子以自强不息”*，另一方面是“夫唯不争，故天下莫能与之争”**。青春年少，在面对社会生活，不知所以但又不得不迈入其中时，究竟该去“争强”，还是“避让”呢？类似地，在各种文学作品中，有时会读到“生命是坚韧的”，有时又会读到“生命是柔弱的”。那么，生命到底是坚韧的还是柔弱的？

如果关心历史，可以发现，在19世纪后期的西方，盛行社会达尔文主义。这种观念认为，生命世界遵循“丛林法则”，即弱肉强食、优胜劣汰。人类既然也是一种生物，自然应该遵循这种法则，以便在无情的生存竞争中获得自身繁衍的机会。

可是，到了20世纪五六十年代，人们却发现，地球生物圈不同物种之间的关系所遵循的并不是之前所认为的“丛林法则”，而是一种彼此依赖、相互制约的网络关系。狮子老虎的“强”，与山羊野兔的“弱”，无非是不同的生存方式。在地球生物圈的食物网络的各个环节中，无论强弱，缺少了哪一环，都会带来整个网络或大或小的动荡和重组。这种

* 出自《周易·象传·乾》。

** 出自《道德经》。

动荡和重组或许可以迭代出新的子网络,但也可能导致局部出现原有子网络的崩溃。

我在前文中提到,我们对世界的认知都来自先辈们对世界的描述。在面对“强”“弱”这样的概念时,我很好奇这样的概念最初是如何形成的。

最简单的办法还是查词典。在《说文解字》中,“强”写作“強”,解释是“蚚也。从虫弘聲。䨔,籒文强从蚰从彊”。这是个形声字,“彊”作声旁。而对“彊”字的解释是“弓有力也”。“弓”是一种器物,大家都容易理解。对“力”字是如何解释的呢?是“筋也。象人筋之形。治功曰力,能圉大災”。那么“筋”怎么解释呢?是“肉之力也”。到这里,“力”和“筋”成了一个循环定义。

尽管如此,从上面简单的词义检索结果看,起码有一点可以确定,即“弓”被用来作为强健有力的象征。那么,与“强”相对的“弱”字最初的词义是什么呢?在《说文解字》中的解释是“橈也。上象橈曲”。“橈”的意思是“曲木”。词典上只能查到这一层,至于“曲木”究竟是弯曲的木头还是柔软的树枝(如柳枝)就不得而知了。

无独有偶,英文中的“强”,即strong,它的词源居然也与“弓”这种器物有关,即与string,“弦”,用于张弓的“弦”字同源。根据网络词典*的词源介绍,strong和string两词最早可以追溯到公元900年。当然,弓的使用历史目前已知可以追溯到上万年前。

与“强”相对的“弱”字的英文为weak。这个词的词源也很有意思,它不是以器物而是以人的行为作定义方式,即“to yield, give way”“draw back”,意为“让步,放弃,退缩”。

从对“强”“弱”词源的追溯可以发现,这两个词都是以人造器物的

* www.dictionary.com.

属性和人自身的行为或对事物某种特征的拟人化作为定义方式的。但是这两个词所代表的不同物种的不同个体在相互关系中的主导或顺从的特点,显然应该是在“弓”这种器物被发明之前就被古人观察到了。因此,我相信,古人一定也面临在现实生活中自己该去“争强”还是“避让”的问题,于是又有了大家熟悉的“一张一弛,文武之道”*的说法。

可是什么时候“张”,什么时候“弛”呢?

在“强”“弱”这些词被创造的时代,人们对生命(包括自身)的认知应该都是基于有限的感官经验。当人们提到“生命”时,潜意识中所指的是“生物体”。可是,如果从前面我们所讨论的“生命 = 活 + 演化”的视角来看,能够形成“活”这个生命系统起点的,其实是以分子间力这种“弱”的相互作用关联起来所形成的、以能态相比于组分单独存在时更低的复合体为节点的、动态的“结构换能量循环”。而这是我们人类的感官分辨力无法辨识的过程。

自然界自发的相互作用很多。例如,融入水中的氢氧化钙因二氧化碳释放而变成碳酸钙,碳酸钙累积自发形成钟乳石。但这种基于离子键改变的碳酸钙积累却很难遇到二氧化碳的重新融入而解体。又比如目前天文学家认为,太阳系因万有引力聚集星云中的物质颗粒而自发形成(星云说)。但太阳系的星体(包括地球)形成的过程中并不伴随大规模的解体。因此,这些自发过程一般不被看作是“活”的过程。

从本书所定义的“生命”的意义上,“活”的过程是以分子间力这种“弱”的相互作用,以及一定程度的打破分子间力的外来能量扰动作为

---

* 语出《礼记·杂记下》。孔子的学生子贡随孔子去看祭礼,孔子问子贡说:“赐(子贡的名字)也乐乎?”子贡答道:“一国之人皆若狂,赐未知其乐也。”孔子说:“张而不弛,文武弗能也;弛而不张,文武弗为也;一张一弛,文武之道也。”文武指善于治国的周文王、周武王。

前提而存在的。一旦打破分子间力的能量扰动过大，"活"的系统将无以为继。这也是为什么"生命"的本质是柔弱的。

可是，从目前对地球生物圈中各物种的构成要素的分析来看，各种现存生物的构成要素是高度类似(或者叫保守)的，即都是由蛋白质、核酸、多糖和脂类这四大类生命大分子为主体构成的。更有趣的是，这些生命大分子的起源可以追溯到30多亿年之前(达尔文当年提出的"生命之树"和生命起源于"温暖的小池塘")。

从这个意义上，无论达尔文的"生命之树"上不同"分枝"或"节点"的形式如何变化(比如，在地球上几次著名的生物大灭绝事件中，包括恐龙在内的大量物种灭绝)，由碳骨架分子以高度类似的大分子形式整合而成、具有基于"弱"的分子间力的"活"的基本属性的生命系统，却能在几十亿年中延绵不绝。这又不能不说"生命"是坚韧的！

读到这里，不知道大家注意到没有——在分析"生命"是"柔弱的"还是"坚韧的"时，"生命"这个概念所指的其实是不同的实体存在。

在讲到"柔弱"属性时，我们指的是"结构换能量循环"中的分子间力。而讲到"坚韧"属性时，我们指的是"生命之树"这个整体。可是无论是文学作品还是警句格言中，人们所关注的"生命"其实都是具象的生物体或者生物个体的行为。

前文曾经提到，我们在使用很多概念时，其实并不清楚或者不在意这个概念所代指的是什么。这种情况常常是讨论陷入混乱的原因。

就个体生物而言，没有任何一个具有特定物理边界的生物体从结构到行为是生来如此、一成不变的。任何多细胞真核生物个体都不是因为自己的意愿而出生，也不会因为自己的意愿而摆脱死亡的结局。地球生物圈中，居于食物网络不同位置的不同物种，以及同一物种居群中的不同个体之间，看上去有"强""弱"之差别，本质上不过是在演化历程或者居群环境中形成的不同生存策略而已。终极而言，无非是不同的子系统在“三个特殊”相关要素整合过程中的模式及其稳健性的差别。

从这个意义上,“生命”究竟是“坚韧的”还是“柔弱的”,所涉及的是非常大的时空尺度上不同层级上发生的现象。在生物体个体层面上讨论这个问题不会有结果,也因此是没有意义的。

我们不知道其他的动物有没有对自己行为的反思。对我们人类而言,我们具有其他生物所没有的认知能力,通过观察、描述其他物种的行为模式,并以自身的生存模式为参照为之排序。于是出现了有关“强”“弱”的观察与议论。

本书的第五篇将专门就人类行为的特点和规律进行讨论。此处可以说的是,对于人类行为的特点与规律,乃至个体的行为模式的选择,都绝对不是简单地用其他动物行为作参照而区分为“强”“弱”所能解释的。至于“一张一弛”的“文武之道”,放在这个尺度下,只是一时一事上的资源配置问题。真正理解人生所不得不面对的选择,恐怕需要在更大的时空尺度下,从人这种特殊生物的基本属性上进行系统的反思。

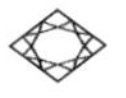

生命系统、台风、居维叶旋涡

生命系统不是一种特殊的物质，更不是一种抽象的观念，而是一种特殊的物质存在形式。我们人类所属的“生物”，不过是构成生命系统的“特殊组分”在“特殊环境因子”的参与下，借分子间力这种“特殊相互作用”，在不断分分合合的动态过程中的一种可被人类感官辨识的、相对稳定的中间状态。

对学习过生物学的人来说，生命系统是一种动态分分合合过程中的一个相对稳定的中间状态的说法是不难接受的，但对其他人来说则不然。虽然每个人都不得不面对生老病死，但多数人在这个世界上总还有10的1次方年也就是从10年到99年的寿命，这是一段很长的时间。而且自我意识的存在，使我们总希望自己包括自己喜欢的人能长命百岁，并因此害怕变化，乃至拒绝认同生命系统分分合合的动态过程，更不愿意接受所有生物体包括自身总有消亡的一天。

从历史上看，人类的观念系统，很大程度上建立在对死亡的恐惧和对永生的追求的前提之上。面对这种现实，要找到一个既能反映其作为一种动态的物质存在形式的本质，又能为大众所熟悉、理解的有关生命系统的简单比喻，对我而言成了一个不大不小的挑战。

因为新冠疫情暴发，大家不得不开始居家办公。于是我借机把从2016年开始在暑假学期开设的课程“生命的逻辑”的内容写出来。在写到“一个自组织系统究竟有没有边界,或者一个自组织系统该怎么被辨识”的时候,我着实为难了一阵。

前文讨论什么是“活”的时候,提出了“结构换能量循环”这种自组织状态。可是这种状态的边界在哪里?在讨论共价键自发形成的时候,我和合作研究者们提出基于复合体的自催化或异催化。可是,这种自催化或异催化过程仍旧发生在各种组分包括复合体同时存在的状态中,那该怎么区分发生自催化的“可迭代整合子”和周围其他组分的边界呢?找不到边界的话,怎么确认一个自组织系统的存在呢?

在这个问题的困扰下,我想到在20世纪70年代学者们讨论复杂系统自组织时,漩涡和台风常常被作为讨论的对象。虽然同为复杂系统,但台风一般不会被归入生命系统的一种形式来加以讨论。我认为,台风之所以不应该被作为生命系统的一种形式,主要原因是它并不具备碳骨架组分和以分子间力为纽带形成复合体这些特点。

但有两点使台风看上去似乎又具有类似生命系统的特点:第一,台风是一个动态的过程。作为热带气旋,在特定的条件下,它在热带海洋生成。在伴随地球自转而移动的过程中,不断把周围的水汽整合到自己的系统中,最终形成摧枯拉朽之势。可是一旦登陆,由于缺乏水汽供应和温度条件,台风就会化解为无形。第二,台风与周围大气之间并没有一个物理边界!虽然在现代的卫星云图上可以根据气体的密度看到台风的存在,但人们始终无法在台风和周围大气之间划出一道准确的边界(彩图4)。

台风的例子让我意识到,自然界中一种“实体”或者物质的存在形式,未必需要一个确定的物理边界。尽管在人类经验中,我们对周边实体存在的辨识最初都依赖于可被感官分辨的边界,但的确也有一些实体存在,尤其是动态的实体存在(如台风),并不需要可被感官分辨的物理边界——毕竟相比于台风的尺度,人类感官所能辨识的范围实在是微不足道。不能被人类感官分辨,并不意味着这种物质存在形式(比如台风)不存在。从这个意义上,要维持自身作为一种可迭代整合子的存在,生命系统和周边独立存在的相关组分(如二氧化碳、水、各种离子)之间,其实也没有或者不需要有明确的边界。

这种说法看似与人们感官经验中的所有生物——大到鲸,小到细菌——都有特定物理边界的印象不符,但如果考虑到前面提到的人体细胞的动态更替,以及细菌中各种生命大分子不断地合成和降解,所有生物体的边界(无论是皮肤还是细胞膜)都是生命大分子按照特殊方式聚合的产物。尤其是上过中学生物学课的读者都会想到,细胞膜具有半透性,因此可以理解,生命系统作为一个动态的主体或者物质的特殊存在形式,其存在应该不是依赖于其物理边界,而是基于"结构换能量"原理的整合子属性。

从这个意义上,台风虽然不能被看作一种生命系统,但还是可以用台风作比喻,以帮助理解生命系统的动态属性。

如果以台风为参照来看待生命系统,大概可以更容易理解,对永生的追求应是类似于希望台风永不停息或者静止不动那样,是一种一厢情愿的幻想。当然,对死亡的恐惧是另外一回事。它本质上不是一种意愿,而是以意愿形式表现出来的多细胞真核生物这种可迭代整合子的存在机制。对此,我们以后有机会再专门讨论。

找到台风作为比喻来帮助大家理解,一种处于分分合合的动态过程中的特殊物质存在形式,原来可以不依赖于物理边界而存在,让我很有一点小小的成就感。毕竟,这个比喻在满足台风和生命系统同属于"复杂系统"这个共性的前提下,打破了生命系统必须有物理边界这个传统观念,为前细胞生命系统的存在提供了符合物理化学规律的合理空间,也为理解前文提到的人体细胞处于动态替换中的"忒修斯之船"的困境,提供了大众经验范围之内可以理解的案例。

可是,这种成就感没有维持多久。前一段时间,博古睿研究院的一个朋友推荐了一篇介绍专门研究复杂系统的美国圣菲研究所(SFI)研究人员有关如何界定生物个体的文章。从生物学专业的角度来看,这篇文章所讨论的问题我20世纪90年代在美国做博士后时,就因为研究植物生活周期起点和终点问题而思考过,因此对我而言并无多少新意。但文章中提到的一个信息让我眼前一亮:

居维叶(George Cuvier)曾经提到生命是一个漩涡(vortex)!

在我做学生的时代,法国生物学家居维叶一直是作为提出灾变论、反对达尔文演化论的代表而被批判的。在之后的学习过程中,我因为自己的工作并不涉及演化论和灾变论的争论,所以没有关注过居维叶其人其事。但在读到这篇文章中对居维叶观点的介绍之后,我大吃一惊:我琢磨了那么久才悟出来的比喻,居然有人在200多年前就已经说过了?!

我非常希望能找到文中所引居维叶说法的出处。以张之沧教授著《居维叶及灾变论》一书中的参考文献为线索,在中国科学院南京地质古生物研究所王鑫教授帮助下,我从他所在研究所的图书馆找到了可能是全国唯一一份馆藏(北大图书馆和国家图书馆都没有)——居维叶著《动物王国》(*The Animal Kingdom*)第一卷英译本的电子版。在该书的引言(Introduction)部分有这么一段话:"Life then is a vortex, more or less rapid, more or less complicated... but into which individual molecules are continually entering, and from which they are continually departing; so that the form of a living body is more essential to it than its matter.* "这段话翻译为中文是:"于是,生命是一个漩涡,或快或慢,或复杂或简单……但各种独立的分子不断被整合进去,又不断被解离出来。从这个意义

* Cuvier B. *The Animal Kingdom* Vol Ⅰ. Translated by Henderson G. 1834, London.

上，生物体的存在形式比其构成组分更加重要。”

这本书的法文版出版于1817年，基于该书第四版翻译的英文版出版于他去世之后的1834年。我们现在知道，台风不过是一个大号的漩涡。换言之，把生命系统比作台风或者漩涡的发明权应该属于200多年前的居维叶。我在这里不过是因为无知而“重新发明了轮子”。

当然，我相信居维叶当年应该不知道蛋白质、DNA和分子间力。那个时代的人还不知道细胞的存在，更不会提出“结构换能量循环”。但从我的理解看，他对生命系统是一个动态过程的判断显然揭示了生命系统的本质，超越了他所生活的时代。当然，作为动物解剖学家和古生物学创始人，居维叶怎么把所研究的不连续分布的各种实体生物和连续分布的“漩涡”关联起来，现在已无从得知。而且，他把生命系统比作漩涡的说法也并不能证明我用台风来作为生命系统比喻的正确性。不过，试图从对具象而有限的研究对象中发现生命系统的本质，总是一些研究者的追求。

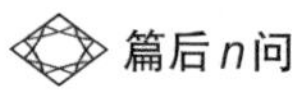 篇后n问

有可能用简明的文字介绍“生命”吗

1. 本书究竟要说什么?

在《前言》中我提到,本书希望向大家介绍“我对‘生命’本质的思考与观点,帮助大家理解,为什么我会认为生命的规律可以作为人类行为规范的是非标准的终极依据”。

或许,这个说法太“大”了——毕竟,大多数人的普通生活似乎与“人类行为规范的是非标准的终极依据”相距太远。但是,换个角度讲,我们每个人每天的衣食住行、生老病死、喜怒哀乐惊思恐,哪一样不是因为我们人是一种生物而与生俱来、挥之不去的呢?

如果认同这一点,我们反思一下:对自身的“生物”属性了解多少呢?

看到我们生命科学学院的同学要啃那么多砖头一样厚的教科书,也还常常对“生命是什么”不得要领,怎样才能帮助更多非生物专业的读者了解“生命”呢?

基于这种考虑,我借作为博古睿学者的机会,在“睿的n次方”这个全新的平台,同时也在本书中用尽可能简明的文字介绍我所理解的“生命”,来帮助大家面对“人是生物”这样一个无法回避的基本事实,并以生命系统本质及其基本规律为出发点,来看待我们的人生和社会。

2. 为什么把“结构换能量循环”定义为最初的“活”？

在伽利略时代科学认知出现后的短短几百年中，人们对地球生物圈的了解已经远远超越了过去几万年感官经验积累的范围。但是，“生物是活的”却是人类早在语言形成之初，就基于感官分辨力对周边实体的观察而形成的一个判断。究竟什么是“活”？其现代科学的内涵究竟是什么？就我的学识范围而言，尚无定论。在目前的学界，讨论什么是“生命”的很多，讨论什么是“活”的很少。不知道是不是大家在有意无意地回避什么是“活”这个问题。

我们将“结构换能量循环”定义为最初的“活”，在学界算一家之言。之所以做这种探索，主要是希望把有关“生命本质”的讨论，从当下的“鸡生蛋还是蛋生鸡”的循环中跳出来。

大家如果有兴趣去读我们的论文会发现，把“结构换能量循环”定义为“活”其实没有什么特别了不起的高深理论作背景。基本上就是把热力学第二定律和碳骨架组分的属性做了一个简单的关联。这其实是一种视角转换。“柳暗花明又一村”这句话绝大多数人都可以脱口而出，很多做研究的人都说“简单就是美”，但许多人看到“简单”的“又一村”时，却又觉得“不过如此”，不愿或者不敢相信，简单的东西会有什么价值。

说来也巧，最近恰好有一篇研究论文登在顶级科学杂志《自然》（*Nature*）上，说的就是人们在面对问题时会下意识地选择“加法”而不习惯做“减法”*。我们把“结构换能量循环”定义为“活”，应该算是在做减法吧。

---

* Adams G S, Converse B A, Hales A H, et al. People systematically overlook subtractive changes. *Nature*, 2021, 592: 258–261.

我们相信这种观点可以得到实验的支持,而且钱纮教授已经做了实验设计。但现实情况是,具体实验需要有愿意冒风险的年轻人去做。我们目前还没有招募到这样的"冒险家"。希望有兴趣和勇气做这类实验的人可以和我们联系。

3. 生命分子中共价键有可能自发形成吗?

一般来说是这样。但分子的复杂程度只是"特殊相互作用"的一个方面。"结构换能量循环"的稳健性还要考虑以分子间力相互作用的组分双方(有时还是多方)的匹配度,以及"特殊组分"之间"特殊相互作用"发生不可或缺的"特殊环境因子"的状况。

4. 我们只能是"碳基生命"吗?

是的。或者应该说:地球生命系统必须由碳骨架组分构成,这是由目前所知的元素周期表中各种化学元素的属性决定的。

人们常常会谈到"硅基生命",或者谈到"生命的本质是信息"。前者的问题在于对化学元素的属性有所忽略;后者的问题在于,如果忽略生命系统以碳骨架为基础这个前提,那么"生命"这个概念的内涵很容易被无限扩大,失去其作为一个概念应有的代指功能,并因此失去作为一个概念存在的价值。

毕竟,在大爆炸宇宙中,"信息"无所不在,但可以被称为"我们人类归属其中的'生命'"的物质存在形式,并不是无所不在的。

第二篇

细胞是什么

孔子当年有一句话:不学《诗》,无以言。这句话的意思是,不学习《诗经》,就不会交流与表达。在孔子那个时代,要讲清楚事情,是有“门槛”的,也就是需要一些知识储备。

从人类认知发展史来看,系统的专业知识是少数人工作的结果。而要把一些超出人们感官经验的现象说清楚,难免要像孔子当年所谓“言”那样,需要有超出人们用于表达日常经验的话语形式,需要人们像孔子当年要求他的学生学《诗经》那样去学一点专门的知识,了解一些相关的术语。

如今,要就生命现象进行交流与表达,靠《诗经》中的语言当然是不够的。相当于当年孔子那里如《诗经》那样在交流时不可或缺的信息中,大概难以避开“细胞”“代谢”“基因”“蛋白质”“中心法则”这些概念。好在这些概念在中学生物学中都有介绍。而且,现在网络信息丰富,如果大家在阅读本篇时遇到术语方面的困难,不需要去翻找教科书,只要上网检索,相信也能迅速了解一二。

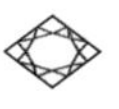

剪不断，理还乱——生命大分子网络

虽然常常有人说喜欢去没有人的地方旅游，但可能很少人耐得住离群索居的生活。人们为什么要与他人交往呢？如果所需的生活用品都唾手可得，一个人还会选择与人交往吗？这种交往是主动选择的还是不得不如此？

上篇提到居维叶漩涡，并以此作为自组织生命系统是一个动态过程的比喻。同时也提到，漩涡、台风虽然与生命系统同属"复杂系统"，但它们并不是生命系统，因为它们的构成要素中没有碳骨架组分，而且不是以分子间力为纽带而发生自组织。漩涡或台风的形成，源自地球自转加上各种其他的机缘巧合。

作为生命系统起点的"活"的过程，其碳骨架组分在作为独立存在的自由态与作为复合体组分的整合态之间的转换，源自两种状态之间的能态的差，加上周边环境因子的扰动。这在本质上也是机缘巧合的随机过程。同时，结构换能量循环中"三个特殊"的复杂化，源自在复合体基础上发生共价键的自发形成。于是，就有了"生命=活+演化"这个公式。

可是，现存地球生命系统的形式纷繁多样，如此多样的生命系统都能自发形成吗？

要回答这个问题，需要回到生命系统中碳骨架组分相互作用的特点来分析。当讨论"生命=活+演化"这个公式时,我们高度简化了生命系统的发生过程。从目前了解的信息来看,地外空间中已知的碳骨架组分已经非常多样化了。这意味着在地球上生命系统形成之初,前文假设的"活"和"演化"(达尔文迭代)过程中发生相互作用的碳骨架组分很可能不是单独存在的,而是很多不同类型的组分(分子)混杂在一起的。

这时就出现了一个有趣的问题:如果组分A可以既和组分B相互作用,又和组分C相互作用,组分B除了和组分A相互作用之外还可以和组分C相互作用……如此延续下去,那么在这个时空中,最后会出现什么结果?

在回答上面的问题之前,我先讲另一个故事。我们实验室研究的课题之一,是了解植物的雄蕊(植物产花粉的特殊结构)怎么从一个未分化的细胞团(细胞来源的问题下一章讨论)变幻为复杂的可以产花粉的结构。根据目前对多细胞真核生物形态、结构、功能的调控机制的了解,我认为这个过程应该是很多基因表达相互作用的结果。在我们开展这项工作的时候,学界对多基因相互作用的研究已经有一个说法,认为这种相互作用表现出网络特征。从实验的角度,我可以安排在雄蕊发育过程不同阶段把雄蕊取下来,对其中表达的基因产物mRNA进行种类和数量的分析。可是怎么解读这些数据呢?

2016年,芝加哥大学龙漫远教授来国内讲学。聊天时我得知他刚就果蝇发育过程中新基因对基因表达网络的影响发表过重要的文章。在我向他请教如何分析基因表达网络时,他向我推荐了《链接,有关网络的新科学》(*Linked, The New Science of Networks*)一书,作者是大名鼎鼎的巴拉巴西(Albert-László Barabási)。这本书让我对"网络"的概念有了大致的了解,比如无标度网络所具有的三个基本属性:增长(growth)、偏好性接触(preferential attachment)、适应性(fitness)。

可是，用数学思维对网络属性所进行的抽象化描述，怎么对应到生命系统上呢？例如，对于“增长”属性，其背后的驱动力是什么？巴拉巴西在书中借助玻色-爱因斯坦凝聚来解释“增长”属性背后的驱动力：原子在一定条件下会聚集到能量最低的量子态。这个过程的本质，通俗地说就是“水向低处流”，专业一点讲是热力学第二定律中自发过程向自由能低的方向进行。对应到生命系统中，我们所定义的“活”也是以热力学第二定律为依据，以“结构换能量循环”中碳骨架组分在自由态和整合态之间能态的差来解释复合体的自发形成。如果可以这样解释生命系统中网络形成的驱动力，那么生命系统相应的属性又体现在哪里，如何用这些属性解释生命系统网络自发形成的过程？

我知道自己不光数学很差，对生命系统的理解也非常有限，因此并没有刻意去寻找这个问题的答案。可是机缘巧合，2018年在龙漫远的鼓励下，我参加了由他参与组织的第一届亚洲演化大会，在会上认识了由研究物理学转而研究生命现象的上海大学敖平教授。在读他推荐给我的英国爱丁堡大学的科克尔（Charles Cockell）教授撰写的新书《生命的方程》（*The Equations of Life*）时，我忽然发现，好像找到基于“结构换能量循环”的生命大分子网络自发形成的基本原理了！

这里所谓“原理”说来其实很简单：观察碳骨架组分相互作用的过程可以发现，在混杂有不同类型的组分（分子）的特定空间中（这种空间可能存在于火山爆发所形成的陆地与水的交界处），如果这些混杂的组分满足下面三个条件，即群体性（很多个分子）、通用性（如前文提到的ABC组分之间的关系）、异质性（组分类型不同），那么组分间的相互作用（化学反应）就会具有以下三个特点：随机性（不同组分间相互作用可以随机发生）、多样性（前文提到的ABC组分之间的相互作用）、异时性（这些相互作用可以在不同的时间点发生）。

由于不同组分之间发生相互作用的速率有差异（在化学上以化学

反应常数来表示),在酶之类具有催化功能的组分出现之后不同反应之间的差异又增强了,这可以对应于巴拉巴西网络特征中的“偏好性接触”。在相关要素存在的情况下,共价键可以在服从结构换能量原理的前提下自发形成,使这个系统具有“正反馈自组织”属性,这种属性可以对应于巴拉巴西网络特征中的“增长”。

对于巴拉巴西网络中的“适应性”,讨论起来有点儿复杂。本来也可以简单地将其视为复合体或者以复合体为节点的反应过程存在概率,但“概率”的属性已经在“结构换能量循环”中被讨论过了,在这里将其作为与“增长”和“偏好性接触”并列的属性是不是合适就成为一个问题——当然,在巴拉巴西那里应该没有“结构换能量循环”的概念,因此不会是一个问题。

将有关“适应性”的问题暂时搁置,如果以多个可迭代的“结构换能量循环”通用性组分为节点,以不同层次、不同复杂性的“结构换能量循环”为“连接”(link),巴拉巴西基于数学分析而构建起来的网络属性,不就可以很好地用来描述我们以“结构换能量循环”为起点而衍生出来的生命系统了吗?

生命系统网络究竟是否如上所述自发形成,当然还需要实验来检验。但是,在四类生命大分子(蛋白质、核酸、多糖和脂类)的合成与降解过程中,很多中间产物都是可以共用的(代谢网络,见彩图5)。这是不是支持上面提出的生命系统网络形成的推理呢?

除此之外,生命大分子之间可以通过各种非共价键相互作用形成复合体,比如各种膜是脂类和蛋白质形成的复合体,染色体是DNA和组蛋白形成的复合体,作为蛋白质合成场所的核糖体是RNA和各种蛋白质形成的复合体。这些复合体的组分虽然复杂,但也处于动态的聚合与解体过程中。于是,在生命大分子合成与降解的动态网络之外,还衍生出一个生命大分子复合体聚合与解体的动态网络。后者是后续章节中要讨论的细胞结构与形态的分子基础。

如今,人们还只能对纯化的组分的相互作用加以研究,但就目前所知,生命系统相关组分在自然界中从来不是单独存在的。因此,生命系统应该不是由单一组分之间的单一反应自发形成之后再逐步关联起来的,更大的可能性是在各种不同组分同时存在、不同反应同时(未必同步)发生的特定空间中自发形成的。如此看来,当下研究者避之唯恐不及的混杂体系,很可能是看似有序的生命系统的真正源头。在混杂的体系中,看似杂乱无章的过程,细究起来,在原理上可能并没有那么复杂。具有网络属性的生命系统,完全可以在具有正反馈自组织属性的"结构换能量循环"过程中自发形成。此乃所谓的"剪不断,理还乱"。

回到本章开头提到的人与人交往究竟是主动选择还是不得不如此的问题,我们是不是可以说,如果作为生命系统起点的"结构换能量循环"不同组分的相互作用是不得不发生的话,那么由这个"不得不"的起点演化而来的"活"的人,个体与个体的交往不也是"不得不"发生的吗?至于为什么,在后面的篇章会继续讨论。

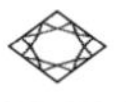

作茧自缚——细胞是被网络组分包被的生命大分子网络

教科书在介绍细胞时，都会说它是生物体结构与功能（生命活动）的基本单位。甚至很多研究生命活动的著名学者认为，只有在细胞层面上，才能讨论生命活动。可是，由生命大分子（蛋白质、核酸、多糖和脂类）作为“零配件”构成的细胞，其结构和其中发生的生命活动非常复杂，那为什么不将生命大分子的活动算作“生命活动”呢？

一个简单的问题出现了：那些“生命大分子”是在细胞出现之前就存在，还是在细胞出现之后才在细胞中被“制造”出来的？如果是前者，那么在没有细胞的情况下出现，它们的出现本身算不算“生命活动”呢？如果是后者，那么没有生命大分子，最初的细胞又是由什么构建的？显然，如果以细胞在生命和非生命之间划界，就似乎难以跳出“先有鸡还是先有蛋”的古老困境。

在本书前面提到的“生命公式”中，“活”和“演化”，乃至以生命大分子作为节点所构建的网络，都是不依赖于细胞的存在而被定义的。从这个角度看，显然是先有“生命活动”，后有细胞。可是，目前地球生物圈中所有已知“生物”，的确都是以细胞为基本单位而存在的。

于是，传统观念中难以跳出的“先有鸡还是先有蛋”的问题，在“整合子生命观”中就转变为：从“活”的“结构换能量循环”，到在复合体基础上借助自催化或者异催化的共价键自发形成，再到具有“正反馈自组织”属性的生命大分子网络的整合子迭代过程，有没有可能自发地形成或者自发“迭代”出最初的细胞。

有关细胞形成的可能过程，在学界有很多讨论。比如已故著名物理学家戴森（Freeman Dyson）就在其1999年出版的小册子《生命起源》（*Origins of Life*）中，根据别人的研究结果提出一个有关细胞起源的“垃圾袋模型”（Garbage-bag Model）。他说过一句话，看似谦逊却反映实情：

> 就我所知，（在生命本质和起源问题的理解上）我们同样无知，这就是为什么像我这样的人也可以假装是专家。（We're all equally ignorant, as far as I can see. That's why somebody like me can pretend to be an expert.）

话虽如此，但从“科学”角度对自然现象进行讨论，多多少少要引用一些实验证据。戴森所提出的“垃圾袋模型”中那些要点是从哪些实验证据中推理出来的呢？

与很多重要的科学假说的形成类似，被戴森冠以“垃圾袋模型”的细胞起源假说的几个关键证据，来自原本互不相关的科学发现。其中一个是1965年英国科学家班厄姆（Alec Douglas Bangham）发现，磷脂可以在有水存在的情况下，自发形成双层膜，甚至成为一个由双层膜包被的被称为“脂质体”的囊泡（图4）。

另一个是人们发现，在1969年坠落在澳大利亚的默奇森（Murchison）附近的一块碳质陨石中，含有丰富的“有机物”，包括多种氨基酸、糖类、脂类，以及核酸的构成要素嘌呤和嘧啶。这块陨石据测有70亿年历史，远远长于地球的46亿年。这个发现说明，在地球之外的空间中存在构成地球生命系统的基本要素。2022年6月，日本“隼鸟2号”探测器从小行星“龙宫”获取的样品中被发现有多种氨基酸。这进一步支持以下观点：作为生命系统“特殊组分”的氨基酸，并非地球特有。

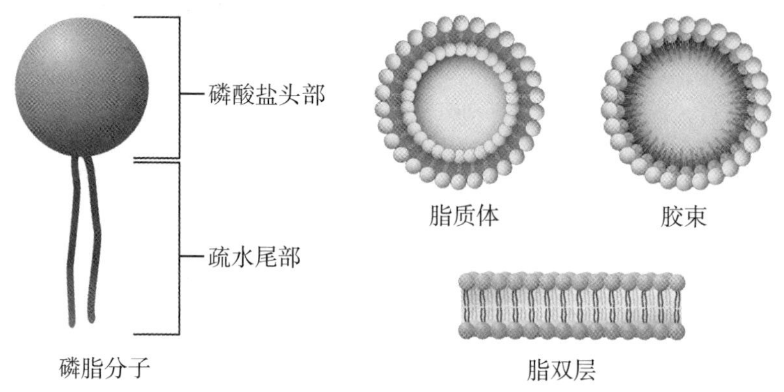

图4　磷脂双层膜和脂质体

第三个发现更是机缘巧合。美国加州大学戴维斯分校的生物化学家迪默(David Deamer)教授本来是钻研冷冻蚀刻电镜技术的,他对DNA测序原理的研究成为目前流行的纳米孔DNA测序技术的基础。但1975年去英国班厄姆实验室的学术休假,让他对生命起源问题产生了兴趣。之后,他开始以实验验证班厄姆提出的生命系统中"膜先出现"(membrane came first)的观点。他发现,不仅从默奇森陨石中分离出的脂类组分可以自发形成囊泡,在火山口干湿交替的部位的脂类组分也可以自发形成囊泡。主要基于这些发现,迪默和其他一些研究者提出,在特定的环境中,脂类组分可以自发地形成囊泡,包裹一些分子比如RNA,从而形成可以生长并自我复制*的细胞。

虽然迪默等人的工作确认了作为细胞膜的基本结构——磷脂双层膜——自发形成的可能性,并受到戴森这样的大人物的欣赏,但他们的假说并没有回答被磷脂双层膜包被的组分是从哪里来、是如何关联起来并最终成为一个"活"的"细胞"的。

---

* 因为有实验证明有些RNA可以催化自身的合成,所以有人认为最早的基因形式是RNA,并由此提出生命起源的"RNA世界"(RNA world)假说。

大家读到这里是不是可以发现，对于具有“正反馈自组织”属性的生命大分子网络能否自发形成或者自发“迭代”出最初的细胞这个问题，肯定的答案呼之欲出了？

上一章《剪不断，理还乱》中提出，基于碳骨架组分的基本属性，在组分混杂的状态下，完全有可能自发地形成具有“网络”属性的生命系统。这与迪默他们有关来自陨石的脂类物质可以自发形成囊泡的实验稍有不同的是，在所假设的生命大分子网络中，脂类物质既是具有“正反馈自组织”属性的网络的产物，又是构成网络的节点组分之一。

借用“垃圾袋模型”所依据的几个证据，我们可以发现，既然来自碳质陨石的脂类物质可以自发形成囊泡，那么由“结构换能量循环”推理出来的作为“生命大分子网络”组分的脂类物质，不是也可以自发形成囊泡吗？

如果作为既存生命大分子网络产物和节点组分的脂类所自发形成的囊泡中，恰好有一些把产生脂类物质的网络包被起来，即生命大分子网络被其组分包被了，那么，具有“活”和“演化”特征的生命大分子网络的一种全新形式——细胞，不就出现了吗？(图5)

虽然目前学界对于囊泡自发形成所需的、地球上细胞起源时的环境如何知之甚少，但这里提出的“细胞是一种被网络组分包被的生命大分子网络的动态单元”的假说，不仅提供了一种细胞起源的可能模式，还解决了“垃圾袋模型”没有回答的“袋”中组分的来源和关联机制，尤其是这个“垃圾袋”是怎么“活”起来的问题。

可能有人会问，具有那么复杂的结构和生命活动的细胞，怎么可能那么“随意”形成？

其实，按照现代生物学的知识，所谓“细胞结构”，无非是各种不同生命大分子的复合体；所谓“细胞生命活动”，无非是维持生命大分子合成与降解、生命大分子复合体聚合与解体的动态过程。有关细胞属性

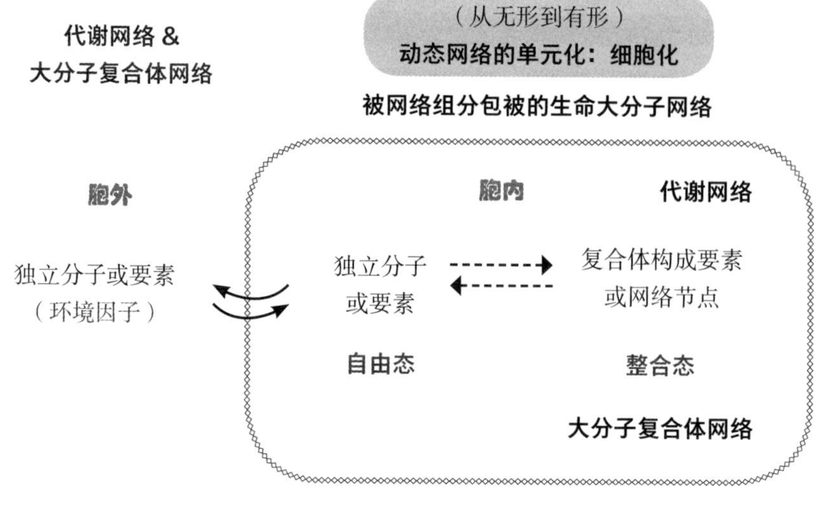

图5　细胞起源的假说图示

定义的两大要素——“结构”和“生命活动”，其本质不都是生命大分子网络的不同形式吗？

而且，在现存地球生物圈中的细胞，其结构和生命活动并不是整齐划一的。我们人类细胞中不可或缺的细胞核，在生活在人体内的大肠杆菌中就没有。另外，说来简单的网络组分对生命大分子网络的包被，恐怕也不是一次成功的。很可能的情况是，自发形成的囊泡随机包被了不同的生命大分子子网络，在动态的囊泡分裂或融合中，恰好有机会把一个具备“正反馈自组织”属性的生命大分子网络包被起来。

之前提到，不同的“结构换能量循环”的复合体可以具有不同的存在概率，或者不同组分构成的整合子具有不同的稳健性。同样，不同的被网络组分包被的生命大分子子网络所形成的囊泡，也会因其中包被的生命大分子网络的稳健性不同而有不同的存在概率。最后，存在概率高的囊泡脱颖而出，成为学界所推测的“最早的祖先细胞”(Last Universal Common Ancestor，LUCA)。

这里提出的细胞本质是“被网络组分包被的生命大分子网络的动

态单元”的假说，尽管可以回答戴森的“垃圾袋模型”中没有回答的问题，但和戴森的模型一样，需要被实验所检验。由于当下的地球和细胞起源之初的地球已经难以比较，要检验任何看似合理的细胞起源模型的客观性，恐怕除了人工模拟环境之外别无他法，所以，估计不会有什么人真正介意在现在已经很多的假说中再增加一个。

这个假说中存在一个推理：先有生命大分子网络后有细胞，生命大分子网络以“结构换能量循环”为“连接”，而“结构换能量循环”是“特殊组分在特殊环境因子参与下的特殊相互作用”（三个特殊），因此，环境因子是生命系统的构成要素。而这个推理可能会被质疑。

这种质疑是可以理解的。起码在我的印象中，长期以来在对以细胞为基本单位的生物体的认知上，人们从来就是把生物与环境视为两个对立的实体存在。如果在前细胞阶段，讨论环境因子是生命系统的构成要素时大家还不以为忤的话，那么到了细胞阶段，细胞膜不是把生物和环境划出了内外边界了吗，环境因子怎么还能被看作生命系统的构成要素呢？

其实，对这样的质疑并不难回答。在中学生物学教科书中，谈到细胞膜时，就已经告诉大家这种膜具有半透性。什么是半透性？就是膜内空间与膜外空间存在组分交流。从图5可以看出，无论是否存在膜的包被，构成生命大分子网络组分的自由态和整合态之间的转换并没有发生改变，只是自由态组分在移动的过程中多了一个跨越屏障的环节而已。作一个不那么准确的比喻，就如同人在一个由纱窗包被的空间中，在空间内呼吸到的空气和空间外的空气并没有实质性差别。

因此，虽然以细胞形式存在的生命大分子网络在运行过程中，自由态组分移动需要跨膜的环节的确衍生出了很多新的属性，但并没有改变环境因子是生命大分子网络构成要素的基本特征。有关细胞出现后生命系统会出现哪些新的属性，将在接下来的章节中讨论。

乐高积木的零配件是怎么生产的

上一章提到，作为生物体基本构成单位的细胞，不过是一个被网络组分包被的生命大分子网络。这个网络是以生命大分子为节点、以“结构换能量循环”为连接而自发形成的。我们在前文以乐高积木的模型拼搭作比喻，来强调生命系统的核心特征在于“特殊相互作用”即模型的拼搭，而不是零配件的生产，可是，没有零配件，模型的拼搭也无从谈起。那么，被比喻为乐高积木的零配件的生命大分子，在当下地球生物圈中是怎么产生的呢？

《达尔文的黑匣子》一书的作者贝希教授曾以下面的比喻质疑达尔文演化理论：“怎么能想象，一阵风可以把散落一地的波音747飞机零配件吹成一架完整的飞机呢？”其实，按照本书讨论的生命系统所遵循的“整合子生命观”，零配件是自发组装的，并不需要一阵能把波音747飞机零配件吹起来的“狂风”。

可是，就算从以碳骨架组分（参见彩图1和彩图2中的红球蓝球）为起点的“活”的“结构换能量循环”，到在复合体基础上借助自催化或者异催化自发形成共价键并形成链式大分子，再到具有“正反馈自组织”属性的生命大分子网络，这一系列“整合子迭代”过程都可以自发形成，但如果每次都以“红球蓝球”为起点，那形成细胞化生命系统的概率恐怕要比贝希教授的风吹飞机还要低——起码，在贝希教授的比喻中，零配件（生命大分子）应该是已经准备好的。

化解这个看似不可能解决的困境的关键在于"迭代"。它的意思是：对于一个可产生反馈的过程，每重复一次这个过程称为一次迭代。每一次迭代得到的结果会被用来作为下一次迭代的初始值，其目的通常是为了逼近所需的目标或结果。（很遗憾的是，《辞海》和《现代汉语词典》的网络版都没有收入该词的现代科学含义。）

对当下地球生物圈各种不同生物类型进行分析，结果发现，在不同类型的细胞（包括细菌所归属的原核细胞和人类所归属的真核细胞）形成之初，作为生命系统主体的"生命大分子网络"的核心组分（零配件），比如核酸（包括DNA和RNA）、蛋白质，就已经形成了相对稳定的相互依赖的互动关系。否则无法解释为什么目前所知的地球生物圈的各种生物类型都以核酸（主要是DNA）为储存蛋白质氨基酸序列信息的载体，而核酸又都以蛋白质为自身合成与解体的催化组分。

基于这个有大量实验证据支持的基本事实，我们可以推测，核酸和蛋白质的形成过程，在细胞形成之前或者之初，就已经无须再每次从"红球蓝球"的碳骨架组分从头开始，而是一套经"迭代"而出的高效过程了。

这个高效的"零配件"的形成过程是什么？在科学研究历史上，这个问题最初不是以"乐高积木的零配件是怎么生产的"这类问题的形式提出，而是基于人类的感官经验，从"为什么种瓜得瓜、种豆得豆""为什么孩子总是像父母"这些问题开始的。说来有趣，这类问题全世界各地的人都会问，而且起码问了几千年，可是只有在以伽利略（Galileo Galilei）为代表的科学时代开启之后，人们才终于找到了获得答案的有效方法。

这种方法，就是把"子肖其父"这个现象分解为不同的问题，然后如同拆乐高模型那样，逐层拆解。比如一是问人是怎么构成的——通过解剖学拆解到细胞、通过生物化学拆解到生命大分子；二是把人的长相分解为不同的指标，比如单眼皮、双眼皮（生物学上叫“性状”），然后跟踪不同的世代来看哪些指标可以稳定地传递，哪些不行。在后一种拆解方面，最初研究者利用身边熟悉的大动物（如家畜家禽，当然不能用人）做研究对象。后来发现，很难有足够大的群体来分析可遗传变异。这种缺陷为孟德尔（Gregor Mendel）脱颖而出带来了机会。孟德尔以豌豆为研究对象，他在修道院不大的院子里种了很多株豌豆，从而可以方便地记录和分析植株高矮、豆粒颜色以及豆皮光滑还是皱褶这些“性状”的遗传规律。孟德尔的故事已经有太多人讲，在此就不再赘述。

孟德尔提出决定性状的是一些“遗传因子”这个思路之后，人们就在拆解生物体所了解到的物质构成的基础上（这也是一种“迭代”），开始寻找哪一种生命分子是这种“遗传因子”的载体。在摩尔根（Thomas Morgan）令人信服地把“遗传因子”定位到染色体、艾弗里（Oswald Avery）等人证明DNA是遗传物质之后，现代科学史上堪比量子力学兴起的分子生物学传奇应运而生！一群来自不同学科的朝气蓬勃的年轻人，在短短的十几年时间内，确定了DNA结构，破解了遗传密码，证明了有限的氨基酸（20多种）如何在DNA储存信息指导下，在核糖体上形成蛋白质（“中心法则”）*。

分子生物学的巨大成功，让很多人乐观地认为，解读了DNA全部碱基序列，应该可以读懂生命——这本以碱基为字母排列而成的天

---

* 我最初看到DNA（脱氧核糖核酸）这个概念，是在中学时（20世纪70年代初）订阅的《科学画报》上。当时怎么也无法想象这几个汉字究竟是什么意思。时过境迁，和基因概念及其形成历史的故事一样，DNA作为遗传物质以及中心法则相关概念，已经是当下受过高中教育的人的常识。

书*。可是，人类基因组测序完成已20多年，2022年更是完成了人类基因组每一个碱基排列顺序的确定，但我们读懂"生命"了吗？以DNA为载体的"基因"就是解读生命的"中心"，生命现象乃至我们人类的行为都可以用"基因"来解释了吗？

不可否认的是，在现阶段人们对生命现象的解读中，"基因中心论"是主流观念。美国媒体人布罗克曼(John Brockman)编过一本书《生命——演化生物学、遗传学、人类学与环境科学的前沿》(*Life: The Leading Edge of Evolutionary Biology, Genetics, Anthropology and Environmental Science*)，其中汇集了对十几位当代最杰出生物学家的访谈，几乎所有内容都围绕基因展开。这种思维模式从上面提到的对"遗传因子"的追溯过程来看非常顺理成章：既然"性状"是可遗传的，而决定"性状"的是基因，当然可以期待通过对基因的研究而了解"性状"。

可是，反过来看，以DNA为载体的"基因"决定的是什么？按照中心法则，DNA以RNA为中介，决定了蛋白质中氨基酸的种类和排列顺序(序列)。可是，除了蛋白质结构受氨基酸序列的影响这一点之外，蛋白质合成之后去了哪里、干什么，就目前生物学研究所知，并不在中心法则表述的范围之内。更不要说从蛋白质到"性状"还有很长的路要走——各种生命大分子的合成与降解、生命大分子复合体的聚合与解体、细胞、多细胞结构……

显然，从"基因"到"性状"这个长长的过程中，中心法则所描述的从基因到蛋白质这一段过程之后，存在一个巨大的原理层面的认知断层。如果把这个认知断层考虑进去，"中心法则"还是中心吗？"基因"还是中

---

* 最初的媒体表述可以追溯到1989年宣传人类基因组计划的美国PBS纪录片《解码生命之书》(Decoding the Book of Life)(见Lily E. Kay的*Who Wrote the Book of Life?: A History of the Genetic Code*)。感谢杨焕明院士和张蔚教授提供信息。

心吗?

以乐高积木作比喻,这个看似离经叛道的问题就没什么值得大惊小怪的了:如同乐高积木零配件生产的流水线,中心法则所揭示的过程,只是以模板拷贝的形式,高效生产蛋白质的流水线。用类似的比喻,如同乐高积木玩的是模型的拼搭,而不是零配件生产一样,生命系统运行的"中心",并不是中心法则所揭示的蛋白质生产流水线,而是可以被比喻为乐高积木零配件拼搭的、流水线"产品"即蛋白质之间的"特殊相互作用"。

前年,一位朋友送给我孙女两盒幼儿玩的乐高积木。我把两盒积木的零配件整理了一下,发现主体零配件虽然数量很多,类型却只有十几种(图6)。就是这么十几种零配件可以拼搭出不知道多少种模型!更令人惊叹的是,这些零配件只需要一种通用的关联方式(图7)!

以极其简单的通用关联方式,让有限类型(不包括数量)的零配件拼搭出几乎无限的模型,乐高积木的设计者是不是冥冥之中悟到或者无意间"盗用"了生命系统运行的奥秘了呢?

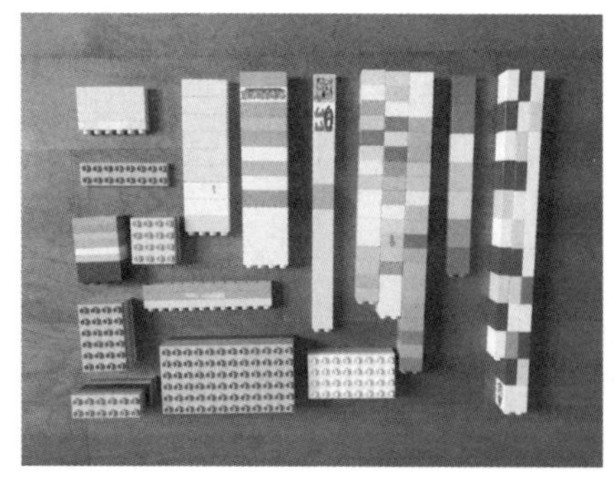

图6 乐高主体零配件的类型只有十几种

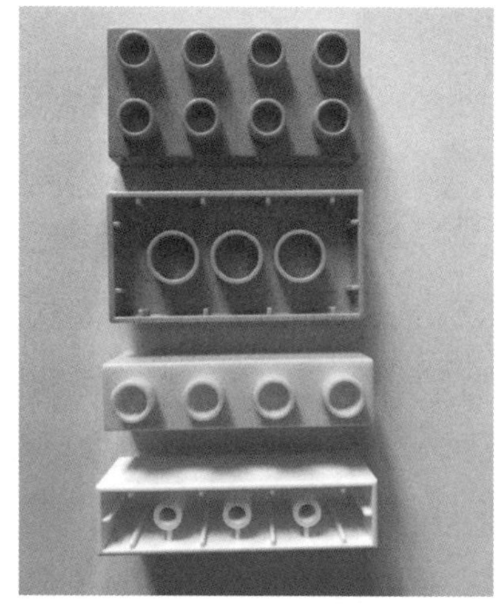

图7 乐高零配件只以一种通用方式连接

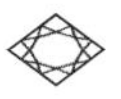

先得“存在”，才谈得上合理还是不合理

上一章对有关生命本质的“基因中心论”提出了质疑，当然，用乐高积木作比喻的质疑只不过是历史上众多质疑中的一种。更简单的疑问是：如果DNA是“蓝图”（blueprint），那么这个“蓝图”是谁绘制的，又是如何绘制出来的？其实，当今生物学家并没有无视质疑。只不过，从实验的角度看，以DNA为载体的基因为揭示生命系统运行过程提供了一个可以操作、可以用来回答很多问题的对象。既然没有更好的操作对象，而且这个对象引发的问题可以让这么多人研究这么多年还没有研究完，大家也就顾不上去问那些目前还无法以实验来检验的问题或假设了。

很多人都听说过一句话：存在就是合理。我在对生命系统的思考过程中有一个感悟：只有针对“存在”的对象，才可能讨论合不合理的问题——无论这个“存在”是一种实在的实体还是一种虚拟的观念（概念、假说、理论）。相比于发现或者提出一种“存在”，评论一种既存的“存在”要容易太多了。从这个意义上说，主流文献中能看到的先辈的发现或者想象，都是那个时代人们探索历程中沙里淘金留下的精华。无论自己对这些发现或想象认可还是不认可，首先都要心存感激与敬意——没有他们的发现或想象，就不会有我们现在讨论的对象。

其实，就本书所用的乐高积木比喻而言，也是有局限的——毕竟，乐高积木不是一个自组织的过程！但本书所介绍的用来解读生命系统的“整合子生命观”，倒是以自发过程，即以“结构换能量循环”为起点的整合子迭代过程为对象的。如果大家认可前文介绍的“整合子生命观”所描述的当下地球生物圈中生命系统的形成过程，即以“红球蓝球”代表的碳骨架组分的“结构换能量循环”为起点，通过一系列迭代，最终形成“网络组分包被的生命大分子网络的动态单元”——细胞，那么就可能会发现，“整合子生命观”所描述的生命系统演化过程及其机制，与当下主流叙述模式存在冲突。主流叙述模式是，生物——居群、个体、细胞——“要”活下去，基因“要”传下去。为了这个“要”，它们好像可以无所不用其极。

这种有关生命属性或生物属性的“要”字诀，看似顺理成章——如果它们不“要”，不就从人类的视线中消失了吗？可是，如果反过来问：这些“自古以来”就和我们人类共生的生物，最初是从哪里来的呢？这类问题的“分子”版本就是本章第一段的问题：DNA这个“蓝图”是谁绘制的，是如何绘制出来的？

达尔文的伟大，在于他为地球生物圈中纷繁复杂的物种建立了一个树状的亲缘关系体系，并为这株“生命之树”(a tree of life)的生长动力提供了一种有说服力的“自然选择”解释。以他之伟大，当然不会忽略有形生物最初来源的问题。他的确曾经设想过，最初的生物(那时细胞学说刚刚被提出，人们还不知道DNA是遗传物质)可能来自温暖的小池塘*。但这就出现一个问题，即“小池塘”中的那些组分是因为“要”形成细胞而聚在一起的吗？当知道了构成生命系统的碳骨架组分的碳和构成石墨、金刚石的碳是同样的元素时，我们有可能区分碳这种元素是“要”形成将来可能作为细胞主要物质构成的碳骨架组分还是“要”形成

* 见达尔文1871年给他的朋友约瑟夫·胡克(Joseph Hooker)的一封信。

石墨或金刚石吗？

在目前的生物学界，的确有一些人在努力探究最初的“生命分子”是怎么形成的。可是问题是：如何来定义“生命分子”？是DNA或者RNA？是蛋白质？还是碳质陨石和小行星中存在的氨基酸，宇宙中存在的甲烷甚至是水？如果换一个角度，如居维叶当年那样，把“生命系统”看作一个漩涡，那么可以想象，在这个世界上，应该是先有大量的水而后有漩涡，而且没有哪个漩涡中的“水”是因为自己“要”而成为漩涡的。从这个意义上说，“结构换能量循环”本身的出现如同“漩涡”那样，并不需要“自己的”理由，或者说它们并不是因为“要”自己存在而出现。它们因为各种机缘巧合而出现。然后人类作为研究者，由于有了这些已经存在的“对象”，才去问为什么它们会存在。

追溯人类之前对生命奥秘的探索历程可以发现，这些探索都是从对人类感官所能辨识的对象的观察、描述和比较开始，再借助人类的想象力归纳出一些被认为是“生物”共有的属性，比如“要”获取能量，“要”繁衍后代，等等。这些“属性”，本质上是研究者对这些“存在”的可辨识特征的解释。因此，所谓的“合理”或者“不合理”，所针对的并不是这些“存在”本身，而只是研究者对观察到的特征的解释，或者说是想象。当对生命系统的探索超越了人类感官的辨识范围，乃至超越了细胞的边界甚至追问到DNA作为蓝图的由来的时候，被观察、描述、比较的对象就变了。如此一来，当以人类感官经验为参照系，对在感官分辨力层面上归纳出的生物特征加以解释，并以此来做推理时，碳元素究竟是“要”形成细胞组分还是“要”形成石墨或者金刚石、江河湖海中的水“要”还是“不要”形成漩涡，这类逻辑上困境的出现也就在所难免。

“整合子生命观”提供了一个不同的视角。这种观念基于过去200多年人类对生命系统的拆解所得到的信息，试图解释当下人类感官可辨识的生物是如何从最初的以“红球蓝球”为代表的碳骨架组分迭代而来。在这种视角下,各个层级的“整合子”,从“结构换能量循环”,到基于共价键的链式生命大分子,到具有“正反馈自组织”属性的生命大分子网络,再到作为被网络组分包被的生命大分子网络动态单元的细胞,无一不是作为具有一定稳健性的动态过程而留存至今,不仅衍生出了我们这些观察者,而且成为我们这些好奇观察者的观察对象。

如同作为生命系统起点的“活”的“结构换能量循环”中,那个以分子间力关联的动态复合体那样,不同层级的“整合子”并不是它们“想”存在或者“要”存在,而只是在各自所在的“三个特殊”相关要素存在状态下,恰好以更高的概率出现并以较好的稳健性被保留了下来。换言之,它们的存在并不以它们的“意志”(姑且不讨论在什么意义上定义“意志”)为转移,不过是一种“不得不”。一个容易理解的例子,就是我们每一个人之所以存在,并不是因为我们“要”而来到这个世界上。我们只不过是不得不来到这个世界上!

其实,不仅生命系统(以整合子形式)的发生与维持是“不得不”的,生命系统出现之后,其存在状态还具有另外两个特点:一个是不确定,另一个是不完美。

说生命系统具有不确定性其实不难理解,因为“活”的生命系统运行过程本质上是基于群体、通用、异质组分的随机碰撞(无论是以“红球蓝球”为代表的碳骨架组分之间,还是以基于中心法则流水线生产出来的蛋白质之间)。既然整个迭代过程在本质上是随机事件构成的,那么这个过程的发生及其走向,就不可避免地伴随着不确定性。非常有意思的是,人类的自然观中,却长期存在一种追求确定性的倾向。两种看似矛盾的现象之间究竟是什么关系,这是一个非常有趣的话题。我们将在第五篇讨论。

既然生命系统的发生与维持是在不确定的随机过程中的一种不得不的存在,那么这种存在就不可能是完美的。法国生物学家雅各布曾经在一篇文章中，把演化事件的发生比作“补锅”*。现在的年轻人可能不知道什么叫补锅。我小时候见过有人家锅碗瓢盆破了，就请个补锅匠，他用铁钉牙膏皮等凑手的东西，敲敲打打把器具补到不漏水、不伤手，可以继续使用。相比于原件，补出来的器具显然是不完美的，但依然能用。

雅各布把生物的演化过程以“补锅”作比，不仅包含了不确定性——不知道什么地方会破漏，也不知道会用什么来补，而且包含了不完美性——好坏不论，合用就行。

生命系统不就是这样从无到有迭代出来的吗？什么是“合理”？当然要先有“存在”，才谈得上合不合理。当然，如果再追问一步：什么是“理”？“理”从何来？从这个意义上，有关生物属性的“要”字诀流传至今不难理解——借用拟人化的方式回避了什么是“理”和“理”从何来的问题。如果被追问急了，可以抛出“人择原理”来抵挡一阵。可是，“存在”是怎么来的呢？这应该无法用“拟人化”的方式加以回避了。毕竟相比于智人短短二三十万年的历史，地球上生命系统已经存在30多亿年了。“整合子生命观”认为，我们人类作为其中一个子系统的生命系统，从源头上讲，是基于遵循“结构换能量”原理的“三个特殊”的迭代产物。当今地球生物圈的成员，都是“自发形成、扰动解体、适度者生存”过程的幸存者。

---

* Jacob F. Evolution and tinkering. *Science*, 1976, 196(4295): 1161–1166.

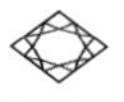

向肥皂泡里吹气会产生几种结果

上一章结尾，我留下了一句话：当今地球生物圈的成员，都是“自发形成、扰动解体、适度者生存”过程的幸存者。可是什么是“适度者生存”*，或者什么是“适度”呢？

本书的读者，可能有观察漩涡的经验，见过漩涡把枯枝落叶从周边的水面上“吸”到中心、拉到水面下，也一定听过漩涡把人、船或者其他的重物卷入水中的故事，更不必说具有摧枯拉朽之势的台风了。漩涡的力量来源很简单：旋转。无论是什么机缘巧合造成了旋转，只要转起来，就有把周边物体“吸”到自己系统中的力量。一旦不转，漩涡自身就不复存在，也就谈不上“吸引”周边物体的力量了。我猜，居维叶当年把生命比作漩涡，或许正是试图分析生物作为一种“存在”，其属性的最初由来。

在目前的话语体系中，人们常常会说，作为生物体结构和生命活

---

* 注意，千万不能把“适度者生存”与“适者生存”混为一谈！“适者生存”的前提，是“生物”与“环境”二元化，是生物去适应环境。而“适度者生存”的前提，是把“环境因子”视为生命系统的构成要素，“适度”指的是作为整合子运行核心的“三个特殊”各要素相互作用处于一个动力学上彼此协同的区间，动态运行的整合子具有较强的稳健性和较高的出现概率。

动基本单位的细胞，一定要从外界获取能量和物质以维持自身的生存和繁衍。可是，如果把居维叶的类比反过来看，我们可以说漩涡为了维持其自身的存在而要从外界“获取”水分子或者是枯枝落叶吗？

按照“整合子生命观”的叙事方式，并不是细胞要从外界获取能量和物质以维持自身的生存，而是因为出现了在自催化或异催化下基于复合体的共价键自发形成，以“红球蓝球”为代表的“结构换能量循环”衍生出了正反馈自组织的属性，具有这种属性的生命系统才最终迭代出了细胞。一旦这种先于细胞出现而存在的“正反馈自组织”属性消失，即整合子对“三个特殊”相关要素的整合能力丧失，不要说“细胞”，整个以整合子为形式的生命系统，包括人类自身，将不复存在。“适度”不过是整合子运行过程中，生命大分子网络的各个组分所形成的“连接”之间既不能“过”又不能“不及”的相互匹配。

对“整合子生命观”所衍生出的、与主流话语中因果关系相颠倒的叙事方式，有人可能会质疑：没有细胞的复杂结构，那些复杂的生命活动（比如光合作用）会自发形成吗？巧得很，人在北大的“地利”，让我在道听途说中得到一个对这个问题的回答：光合作用中最初的光激发电子的过程，真的可以自发形成！

2019年，北京大学地球与空间科学学院鲁安怀教授团队通过国际合作研究发现，一些岩石或土壤颗粒表面形成的铁锰氧化物膜，可以在阳光照射下出现光电子-空穴对*。简单地说，就是这些膜可以被光照激发出光电子！光合作用的本质，无非是在光照下，特定的蛋白质把水转变为氧，释放出氢离子和电子。这些电子通过在一系列蛋白质中的传递而变成相对稳定的高能分子（NADH和ATP），并最终把来自

---

* Lu A, Li Y, Ding H, et al. Photoelectric conversion on Earth's surface via widespread Fe- and Mn-mineral coatings. *PNAS*, 2019, 116(20): 9741-9746.

光的能量以把二氧化碳转变为糖的方式储存为相对稳定的化学能。在鲁安怀团队发现的矿物膜中，如果恰好周边有接收光电子的组分，是不是也能以某种形式把光能转变为化学能呢？

其实，除了光合作用光反应中心的蛋白质之外，还有一些蛋白质也可以在光照下放出电子。对光合作用机制的研究发现，不同光合自养生物的光反应中心的蛋白质组成差异相当大。基于这些证据，光合自养细胞的“获能”现象无须一定被解读为细胞“为了”维持自身的生存，而是完全可以被解读为，在各种机缘巧合下，以光作为“相关要素”之一的“整合子”恰好具有比较高的稳健性而被保存了下来。

所谓“趋光”“趋化”“取食”等在细胞化生命系统中观察到的现象，不过是以下事件导致的结果：作为整合子运行核心的各种“三个特殊”中相关要素在胞外分布出现变化后，一些细胞因为能移动自身到组分合适的空间从而维持整合子稳健性，所以被保留下来。并非细胞要“获能”，而是那些不移动、不对自身网络加以调整的细胞无法维持自身存在，最终剩下了那些具有自我调整机制的类型。如果这些自我调整机制反馈到“零配件”生产流水线上，被记录下来，就是整合子的“迭代”而产生的“遗传”性状。可是，我们只能看到存留下来的细胞，因此这种被“剩下”的细胞反而被解读为细胞“为了”维持自身存在而要“获能”。

类似地，对于细胞分裂，一般的解释是，细胞为了繁衍后代而要“分裂”。对这个解释，无论是乐高积木还是漩涡的比喻都无法应对了。但另一个人们熟悉的生活经验——吹肥皂泡，可以提供解释。

很多人小时候吹过肥皂泡，但可能很少人会去研究肥皂泡。细心观察之下可以发现，虽然吹肥皂泡最终的结局都是爆裂，但在爆裂之前，起码存在三种结局：越来越大，分裂出几个小泡，直接爆裂。如果将细胞比作肥皂泡，将细胞内被组分包被的生命大分子网络的“正反馈自组织”属性比作吹肥皂泡的“气”，细胞膜是肥皂泡的膜，那么，会出现什么结果？

显然，只要细胞“活”着，即维持具有“正反馈自组织”属性的“三个特殊”，就相当于往肥皂泡内不断地吹气。此时如果细胞越来越大，其体积将按尺度大小的3次方增加而面积只按2次方增加，这就导致维持内在生命大分子网络运行所需要的与周边组分接触的表面缩小了（即“体表比”恶化。图8）。此时，如果仍然要保持“适度”的“正反馈自组织”属性，细胞又不能像肥皂泡那样被吹爆，那么唯一的可能性，只能是分裂！

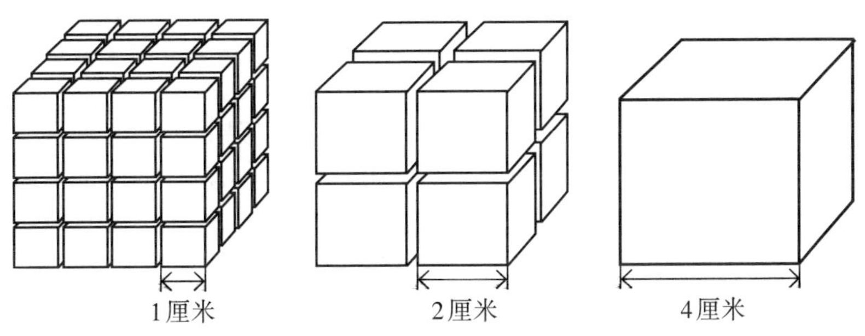

立方体 棱长（厘米）	立体构型 表面积（平方厘米）	立体构型 体积（立方厘米）	立体构型 表面积 / 体积（体表比）
1	384	64	6
2	192	64	3
4	96	64	1.5

图8　对图中3种棱长不同的立方体组成的立体构型有关数据进行计算，并将计算得到的数据填入表中。将一个细胞想象成一个立方体，就可见细胞变大时同样体积对应的表面积将变小（体表比恶化）

从这个意义上，细胞分裂并不是因为细胞要繁衍后代。细胞分裂只不过是在保持“正反馈自组织”属性的前提下，细胞维持内在生命大分子网络运行稳健性的一种不得不的选择。细胞数量因细胞分裂而增加，不过是细胞化整合子维稳机制中的一种特殊的副产品。

可能有人要问，肥皂泡分裂会随机形成大小不均一的小肥皂泡，细胞分裂却是对称的，这该怎么解释？我原先可能对这个问题无言以对，但2021年4月29日发表在《细胞》（*Cell*）杂志上的一篇文章给了我提示：只要在之前得到的可维持“生命活动”的人造细胞中加入额外的7个基因（以便生产出新的“零配件”），就可以让原本无法对称分裂的人造细胞实现对称分裂*！显然，细胞膜内包被的生命大分子网络相比于我们向肥皂泡内吹进去的空气，可以做更多的事情。

有关细胞分裂的体表比说法在很多教科书中都有，以肥皂泡分裂来解读细胞分裂机制在当下的话语体系中则非常少见。但这并不是我的发明。早在1917年，苏格兰数学家汤普森（D’Arcy Thompson）就在他的《论生长与形状》（*On Growth and Form*）中以肥皂泡为模型解释细胞分裂。这本书系统地反映了人们对生物世界背后奥秘的探索中的另外一个思路，即以数学和物理学的方法对生物形态及其形成过程加以描述，并试图解释其内在规律。可是，如果不是有机会参加北京大学定量生物学中心的活动，听一批数理化专家从他们的视角探讨生命的奥秘，在当下语境中，我可能永远不会想到，还可以超越“基因中心论”来探讨生命的本质。

汤普森的解读在过去100多年主流生物学圈子中被边缘化，其实很像孟德尔理论在“泛生论”时代遭受的冷落。两相比较，非常耐人寻味：汤普森的遇冷，恰恰是因为孟德尔遗传学原理被再发现所形成的基因热！汤普森对生命奥秘的探索思路，有可能帮助我们跨越前文提到的原理层面的认知断层吗？

---

* Pelletier J F, Sun L, Wise K S, et al. Genetic requirements for cell division in a genomically minimal cell. *Cell*, 2021, 184(9): 2430–2440.

或许，这就是科学认知发展中的不确定性！科学认知是一种以实验为节点的双向认知*。没有办法被实验检验的假说，哪怕在逻辑上再合理，都难逃被束之高阁的命运。但是，当更高分辨力的方法被发展、更多信息被获取，那些曾经被冷落的假说，或许又会恢复生机！

---

* 有关“双向认知”的解释，请参见我为《生命科学的历程》（加兰德·E. 艾伦、杰弗里·J. W. 贝克著，李峰、王东辉译，中西书局2020年版）一书所作的序；以及我为吴家睿所著的《生物学是什么》一书撰写的书评（见载于《世界科学》2021年第5期）。

篇后n问

乐高积木明明看起来那么普通，为什么可以用来解释生命系统

1.“环境因子是生命系统构成要素”这个判断在细胞出现后仍然成立吗？

从亚里士多德时代起，人们就基于感官经验而形成了“生物-环境”二元化分类思维。这曾为人类生存乃至理解生命现象提供了巨大的帮助。但是，人类的感官分辨力是非常有限的，基于感官的理解也有限。

身为哺乳类动物的一种，我们人类与生俱来地“身在”由其他多细胞真核生物构成的食物网络中。这是我们感官经验形成的前提，其分辨力对人类作为一种生物生存而言是足够的。但是，当人类因“认知能力”发展而发明了显微镜和望远镜等工具，人类的视界就大大超出了感官经验的范围。这时，就需要我们基于所观察到的事物特点本身，来对自然秩序加以理解和重新解读，而不是削足适履，把超越感官经验的发现塞进感官经验的有限范畴之内。“生物-环境”二元化思维就是一只在感官经验分辨力下形成的“履”。

当然，“环境因子”作为生命系统构成要素这个观点，还需要更大的篇幅去论证，我在课程“生命的逻辑”及即将出版的同名教材中会详细阐述，本书就不作展开，算留一个悬念吧。

2. “基因和性状之间存在原理层面上的认知断层”该怎么理解？

人类的认知过程很有意思：最初，“性状”被人们认为是“客观的”和“确定的”，而“基因”只不过是人为定义的符号，是主观的，其内涵是不确定的。可是，当“基因”被确定是一段DNA序列，其内涵是不以人的意愿而改变的碱基排列方式之后，人们才意识到，相对于“基因”的客观性和确定性，原来基于感官经验定义、在寻找“基因”过程中作出过巨大贡献的“性状”，很大程度上其实是人为的（依赖于检测目的和方法）；从“基因”到“性状”，中间需要经历很长的、很复杂的、迄今都没搞清楚的生命大分子之间的相互作用过程。因此，“性状”反而变成了“主观的”和“不确定的”。

“基因”与“性状”之间的关系问题是人们探索生命奥秘过程中最重要的问题之一。回顾历史可以发现，先辈们有关“基因”与“性状”的极富洞见的简化，加上极富想象力的实验（实体的和理想的），帮助人们找到了解决这个问题的正确方向。

在研究发展历程中出现的这两个概念的内涵在确定和不确定之间的位置互换，反映了“简化”固然是寻求答案过程中不可或缺的利器，但如果拘泥于先辈们无论在实验方法还是可利用信息都远不如今天的情况下所提出的“简化”结论，反而会忽略宝贵的新信息，以致陷入削足适履、刻舟求剑的茧房，错失发现真相的良机。

3. 用乐高积木比喻生命系统的意义在哪里？

乐高积木比喻的目的在于，可以以大部分非生物学专业的读者比较熟悉的方式，尝试对“组分”和“整体”之间的关系给出比较贴切的解读。

这个比喻的侧重点在于：

第一，强调生命系统研究“拆”和“拼”之间的不可逆性，解决了同样的组分（零配件）可以拼搭出不同的生物体（模型）的问题。这一方面涉及研究中的思维模式问题，一方面涉及演化机制问题。

第二，因为对零配件和模型的区分，解决了中心法则适用范围的问题，从而揭示了在从基因（DNA）到蛋白质形成之后，从蛋白质到表型或性状之间巨大的原理层面的认知断层。

第三，从乐高积木的拼搭原理，引出作为生命系统主体的生命大分子网络构建在原理层面上的简单性、同一性，以及基于这种简单的拼搭原理可以产生不同模型的多样性。

乐高积木比喻的局限性在于，无法反映自发过程——毕竟，积木是人搭的，而生命系统的形成没有“拼搭者”，也不需要有。这就是为什么在“整合子生命观”的论证中，引入了另外一个比喻：台风或居维叶漩涡。大家可以思考一下，这个比喻所传递的信息是什么，这个比喻的局限是什么。

4. 如果生命系统不得不以某种形式存在，为何不能将其解读为该系统“要”如此存在？

这是一个很有挑战性的概念辨析。很可能哲学家会非常乐于讨论这种概念辨析。

我们可以借助“台风或居维叶漩涡”的比喻来思考：是不是因为台风或漩涡出现了，我们就可以认为是台风或者漩涡“要”如此存在？如果对上述问题的回答是否定的，那么对于生命系统所提出的上述问题的回答，恐怕也只能是否定的。

还有一个与此相关的问题：能不能把细胞的获能和分裂看作“被动

选择”的结果？在我看来，“被动选择”的表述有一个问题，即谁是“选择者”。

与传统的“自然选择”视角不同，在“整合子”概念中，“环境因子”是“活”的、以“结构换能量循环”为起点的“整合子”的构成要素。作为“构成要素”，怎么来“选择”自身？这也是为什么我反复强调“适度者生存”的原因。

整合子运行是一个“自发形成、扰动解体、适度者生存”的过程，没有也不需要外在的“选择者”。如同台风或者漩涡，它们既没有“要”如此存在，也不需要外在的主体去“选择”这种存在。

5.“不能过又不能不及”是不是就是中国传统文化中所讲的“中庸”或者“致中和”？

“不能过又不能不及”是针对孔子的“过犹不及”而言的。用在对生命系统的解读上，是解释“适度者生存”的一种方式。

“结构换能量循环”的自发形成和扰动解体这两个独立发生的过程，被以分子间力为纽带的复合体(即以分子间力结合的复合体，英文缩写作IMFBC)偶联而成。以此为前提，我们一再强调，生命系统的运行中，相关要素的相互作用不能“过”，又不能“不及”。这是一个基于目前对生命系统研究所发现的现象进行梳理而得出的结论。这与人类的意愿无关——毕竟，生命系统早在人类出现之前已经存在几十亿年了。

我们不能说在2000多年前不知生命分子为何物的古人，就预见到生命系统运行的内在规律，甚至认为“中庸之道”决定了这些规律。我们大概可以说的是，由人类的感官经验总结出不能“不及”也不要“过”的生存经验，在很大程度上反映了生命系统可持续发展的特点。

但是，把“不偏不易”的“中庸”作为一般原理来理解，甚至作为行为规范,将不可避免地导致安于现状、反对变化,这就违背了真核生物生存所依赖的“自变应变”的基本属性。至于什么是真核生物中出现的“自变应变”属性,我们将在下一篇中讨论。

第三篇

物种是什么

谈到“物种”,大家可能会觉得是个非常深奥的概念,毕竟,被很多人认为是现代生物学领域的重要理论——达尔文演化理论的代表作,就是《物种起源》。从这个意义上,这个概念的确重要。可是,这个概念会重要到如果没有它,人类就不能生存繁衍了吗?好像并没有。想想在达尔文1859年发表《物种起源》之前,在伽利略等人16—17世纪开创现代科学之前,甚至在距今2800—2600年轴心时代出现之前,都一直没有“物种”这个概念,人类不也生存下来了吗?

如果把视野放到更大的时空尺度上,我们还可以发现,对周边实体的辨识并非人类特有的能力。所有动物都不得不在不同程度上从周边的实体中分辨出食物、捕食者、同类(尤其是其配偶),否则将无法存活并繁衍到今天成为人类观察的对象。从这个意义上讲,动物可以没有“物种”的概念,但不能没有分辨周边实体的能力。那么,有没有“物种”这个“概念”和有没有“分辨”这种“能力”之间是什么关系呢?

人类与其他动物的不同之处,在于人类拥有可以用符号代表周边实体的认知能力。借助这种能力,人类作为一个整体,可以不断提高对周边实体的分辨能力;借助这种能力,人类走上了一条与其他动物不同的、“认知决定生存”的演化道路,从原本处于地球食物网络中层的偏居非洲一隅的小居群,成为今天地球生物圈的主导物种。在这条全新的演化道路上，尽管和其他动物一样，在食物网络层面上对周边实体的分辨能力并不依赖于“概念”的存在，但“概念”出现而带来的分辨能力提高，却实实在在地改变了人类的生存方式，使得人类生存能力的提高越来越依赖于以概念为节点的认知能力的发展。在这个过程中，“物种”这个概念究竟指什么，到了达尔文的时代，终于变成研究者无法回避的一个问题。

前面的篇章提到，人们对周边实体的认知常常受到前人认知所形成的概念的影响。地球上所有拥有自己文字的人类居群，都有自己辨识周边实体的符号系统，对各自生活空间中的花鸟鱼虫都赋予了满足辨识功能的名字（当然也存在因名实不符而对生活产生影响的现象）。明代著名的医家李时珍历经二十七载寒暑著成《本草纲目》，就是为了解决药名混杂而影响治病救人的问题。从李时珍的例子，我们可以理解，当人类社会发展到一定程度之后，清晰的概念对人类生存具有无法忽视的重要性。

现代生物学中“物种”的概念源自西方社会。“物种”一词的英文species，其词源是appearance，即“外貌”。林奈（Carl von Linné）建立分类系统时，对不同生物进行分门别类的依据就是外貌（专业一点的术语是“形态性状”）。虽然到了达尔文时代，人们开始关注不同生物外貌或性状的稳定性及稳定性的基础，即达尔文理论中提出的性状的遗传和变异问题，但当时“物种”仍然无法跳出基于外貌或性状进行区分的层面。毕竟，在1859年，细胞学说刚刚提出不久，达尔文自己还在为遗传机制而纠结，对外貌或性状的基础是什么、可遗传的物质是什么都不清楚。

进入20世纪情况就不同了。人们知道了细胞是生物体结构和生命活动的基本单位，知道了不同物种之间遗传信息不同。在这个基础上，迈尔（Ernst Mayr）提出了“生物学种”的概念，在林奈分类学以外貌或性状为依据的物种分类体系大框架中，引入了“生殖隔离”这个关键指标。

可是问题又来了:讲到“生殖隔离”,总是要以有性生殖为基础,那么对于没有有性生殖的生物类型,比如包括大肠杆菌在内的细菌,传统的以形态特征为分类依据得到的分类单元还能被称为“物种”吗?如果按照目前生物学研究证据,我们已接受原核生物在生命系统演化进程中先出现,而真核生物后出现,那么在可以进行有性生殖从而可以采用“生殖隔离”这个指标来划分“物种”边界的真核生物出现之前,是不是就没有“物种”呢?如果没有,不同的细菌之间该用什么概念来区分呢?既然把不同的细菌仍然称为不同的“物种”,那么以“生殖隔离”为物种区分的指标在生命系统中还具有普适的意义吗?与这个问题有关的进一步问题是,既然原核生物已经具有自我维持的能力,为什么还会出现真核生物,乃至衍生出有性生殖,使得现代生物学研究饱受“物种”这个概念内涵问题的困扰呢?

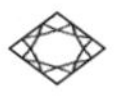

既生瑜，何生亮——原核细胞和真核细胞

一般我们谈起“既生瑜，何生亮”，第一反应是为周瑜和诸葛亮这两位我们喜欢的聪明人恰好生在同一时代又各为其主感到可惜。其实，这个世界上总有一些事物，不因人类的想象或者愿望出现或者不出现。

在30多亿年前，细胞出现了。生命系统从此有了物理边界，变成一种全新的实体，在地球存继至今。其中的光合自养型细胞（如蓝藻）的出现，甚至改变了地球大气中的氧气含量。如果一直如此，大概也就不会有人类的出现了——因为人类是一种由真核细胞（彩图6）*构成的多细胞生物。既然真核细胞出现之前，细胞化生命系统（即原核细胞，彩图7）已经可以稳定地存在，为什么还会出现真核细胞呢？此即标题“既生瑜，何生亮”之谓。

有关真核细胞起源机制迄今并无定论。该研究领域当前最有影响力的学说是马古利斯（Lynn Margulis）在1967年提出的“内共生假说”

---

* 真核细胞是有细胞核的细胞。是人类发明显微镜之后最初看到的细胞类型。当时人们以为所有的细胞都有细胞核。直到进入20世纪，显微技术的发展证明细菌之类的细胞不仅比通常在多细胞生物中看到的细胞小，而且没有细胞核，人们才意识到，细胞除了有细胞核的类型（被称为真核细胞）之外，还有没有细胞核的类型。这些没有细胞核的类型就被称为“原核细胞”。目前所知地球上最早出现的细胞都是原核细胞。

(endosymbiosis),该假说认为,真核细胞中的线粒体、叶绿体源自被寄主细胞吞噬的其他细胞(当然都是原核细胞)。这一假说直到1978年经基因序列分析,证明线粒体DNA与原核生物DNA类似才被人们认可,马古利斯也因此名声大噪。

可是,内共生假说尽管可以说明线粒体、叶绿体之类细胞器的起源,却无法解释细胞核、内膜系统(如内质网)和细胞骨架*的起源。近年来,因为古菌**研究的进展,人们已经意识到,虽然真核细胞的起源机制远不像马古利斯的"内共生假说"描述的那么简单,还需要更加广泛深入的研究,甚至可能未必真正搞得明白(毕竟真正的祖先细胞及其演化过程可能已无迹可寻),但真核细胞应该是20多亿年前不同类型原核细胞之间整合的产物。

考虑到达尔文演化理论中的"生命之树"看上去是不断分叉的,有人认为,如果真核细胞真的是"整合"而成,那么它的演化过程是不是与达尔文演化理论中的基本规律不相吻合了呢?该领域的专家杜利特尔(W. F. Doolittle)认为,真核细胞起源应该也是整个生命系统演化过程中的一个事件,应该服从生命演化的基本规律***。可是,这种"基本规律"是什么呢?

在前面对"整合子生命观"的介绍中曾经提到,"细胞"是被网络组

---

* 内膜系统是细胞膜内复杂的膜系统,基本结构与细胞膜类似,都是双层磷脂排列而成,但性状和功能非常多样。细胞骨架是由特殊的蛋白质,比如微管蛋白,按照特定的方式排列而成的柱状或者管状结构,在细胞内发挥重要的支撑和运输作用。

** 古菌,又称古细菌,是一类特别的原核生物。相关信息专业性比较强,感兴趣的读者可以上网检索。

*** Booth A, Doolittle W F. Eukaryogenesis, how special really? *PNAS*, 2015, 112(33): 10278-10285.

分包被的生命大分子网络。由于以生命大分子网络为主体的生命系统具有“正反馈自组织”的基本属性，细胞这个被网络组分包被的生命大分子网络的“动态网络单元”，不得不在“正反馈自组织”属性的驱动下发生细胞生长和细胞分裂。在这个框架下，如果不同类型的原核细胞在某些机缘巧合之下整合成新的“网络”，而这种网络恰好又具有更高的“正反馈”效率，可以在维持自身运行的同时产生富余的生命大分子，这时会出现什么情况？

生命大分子网络有两种基本存在形式：一种是生命大分子合成和降解的动态网络，即代谢网络；一种是生命大分子复合体聚合和解体的动态网络，即细胞内各种结构。在细胞中，这两种网络应该协同运行，否则细胞这种“动态网络单元”难以为继。如果这种假设是对的，那么当生命大分子代谢网络发生改变，富余的生命大分子该被如何处置？

从整合子生命观的角度看，可能的结果之一，就是这些富余的生命大分子之间发生新的相互作用，形成新的复合体，比如组蛋白（细菌中没有这种蛋白质但古菌中有）的出现可以导致染色体的出现，更多的微管蛋白可以聚合成细胞骨架，更多的核糖体RNA（rRNA）和其他蛋白质聚合成核仁，更多的磷脂和一些已知可以导致膜折叠的蛋白质聚合形成内膜系统，等等*。这些经自组织产生的、新的生命大分子复合体不就是真核细胞区别于原核细胞的特征吗？

当然，这里讲的只是一种“可能”。可是，反过来想，如果真的有“富余生命大分子”产生，但不能形成新的复合体，那么这些散在的大分子是不是会对更高效的“正反馈”过程产生抑制或者造成破坏性扰动呢？

---

*这里有比较多的术语。感兴趣的读者可以上网寻找解释，不感兴趣的读者不必自找麻烦。只要相信这些术语描述的东西真的存在、属于生命大分子复合体就可以了，不会影响对本文内容的阅读理解。

如果是这样,那么通过"自组织"自发形成的新的复合体,不又成为维持更高效的"正反馈"过程、避免系统崩溃不得不的选项之一了吗?综合起来考虑,这些真核细胞特有的生命大分子复合体的形成不就是发生改变后的新的动态网络单元"正反馈自组织"属性的迭代产物吗?

那么,真核细胞相比于原核细胞有什么优势,居然衍生出地球生物圈包括人类自身在内几乎所有能被人类视觉分辨的生物类群呢?

有关真核细胞的优势,学界目前有各种解释。不同的学者强调的侧重点可能会有不同,但有一点大概是有共识的,就是作为生命大分子网络关键组分(在本书中比喻为乐高积木的零配件)的蛋白质生产流水线的"图纸"——DNA,在真核细胞中相对于原核细胞被更好地保护了起来。同时,生命大分子网络的运行,受到由中心法则所描述的蛋白质生产流水线的更加严格从而可能更优化的控制。从对原核细胞如大肠杆菌、真核细胞如酵母的代谢网络调控机制的比较可以发现,原核细胞的生命大分子网络运行更加像原始部落,成员之间的相互作用随机性更高;而真核细胞的生命大分子网络更像中央集权的国家,有更多的调控层级,成员之间存在更加复杂但高效的分工协同。考虑到前面所说的真核细胞源自"正反馈自组织"属性驱动下的动态网络单元迭代,真核细胞在结构上的集约和功能上的优化,使之获得了比原核细胞更高的稳健性。

从生命大分子网络的两种形式的角度看,真核细胞内更加复杂的生命大分子复合体的出现,同时也为复合体在动态运行过程中出现新的组合提供了可能。这种可能性大概可以用来解释,为什么是真核细胞而不是原核细胞会出现各种复杂的分化,并最终成为多细胞真核生物的构建单元。

当然,如同生命系统中各种演化创新事件一样,"三个特殊"相关要素因各种不确定扰动导致相互作用(整合方式)发生改变,再加上迭代的随机性,就决定了这些迭代不可能在生命系统的所有节点同时发生。于是,没有发生迭代的节点仍然可以保持原有的整合方式。这也就解释了在地球生物圈中,尽管机缘巧合之下出现了真核细胞,原核细胞却仍然可以在不同的区域维持自身的生存模式。这就让我们人类这样的生命系统演化的后来者可以看到"既生瑜,又生亮"。

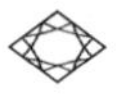

无形—有形—无形—……

在上一章,我们基于整合子生命观中生命系统所具有的“正反馈自组织”属性,提出了真核细胞起源的一种可能性,即不同类型原核细胞在彼此接触过程中相互整合,这种整合过程中出现的“富余生命大分子”之间发生了新的相互作用,自发形成了新的复合体。不同类型原核细胞整合而成的新的动态网络单元,在生命大分子网络的两种形态(即生命大分子合成与降解的动态网络、生命大分子复合体聚合与解体的动态网络)上,都出现了与其前体原核细胞不同的特征,成为一种全新的、被人类称为“真核细胞”的细胞类型。

之所以要解释真核细胞起源机制,是因为人类个体的构成单元是真核细胞,要了解人类的基本生物学属性,不得不了解真核细胞。更重要的是,在真核细胞与作为其迭代前体的原核细胞的诸多不同特点中,有一个非常关键的特点长期以来一直被研究者忽略,并因此在生物学研究乃至对人性解读中衍生出很多误区。如果不搞清楚(起码在逻辑上搞清楚)真核细胞起源的机制,很难讲清楚这个关键的特点究竟是什么,为什么那么重要。

真核细胞与原核细胞最本质的区别,即那个被大家忽略的关键特点,不是在细胞大小、结构,乃至“生命大分子网络”运行方面的不同,而是真核细胞作为一个生命子系统即整合子,其存在单元不再只是单个细胞,而是一个细胞集合!

《向肥皂泡里吹气会产生几种结果》一章提到,细胞分裂并非细胞"要"复制自己、传宗接代,而只是细胞化整合子的一种保持适度体表比的维稳机制。因分裂而出现的细胞数增加,不过是维稳机制的副产品。这时我们所讨论的"细胞",所指的主要是类似大肠杆菌、枯草杆菌这类原核细胞。对这些细胞而言,它们作为一个生命子系统即整合子的存在单元,就是单个细胞。

对原核生物而言,不同细胞类群(比如大肠杆菌或枯草杆菌)在细胞形态、结构、功能上都存在明显差异(否则就不会被分为不同的类群);而同一类群细胞的不同个体(细胞)之间,虽然可能会有差别,甚至DNA序列在不同细胞之间的差异可以达到近30%,但是这些细胞仍然属于同一类群,没有实质性不同。同一群细胞不同个体细胞之间可以被视为彼此的复制品,或者叫"克隆"——当然,这些"克隆"的产物不像之前大家所认为的那样是一模一样的。

但是,到了真核细胞就不同了。上一章提到,相比于原核细胞,真核细胞一个最具共识的特点在于,其中作为生命大分子网络关键组分(在本书中被比喻为"乐高积木的零配件")的蛋白质生产流水线的"图纸"——DNA,被更好地保护了起来。换言之,在真核细胞中出现了"细胞核"。这个特点是在不同类型原核生物整合基础上自发产生的。这个特点与其他特点相互配合,使得真核细胞作为"动态网络单元",在运行上更多地受到零配件生产流程的调控。这也是为什么尽管从"基因"到"性状"这个长长的过程中,在中心法则所描述的从基因到蛋白质这一段之后,存在一个巨大的原理层面的认知断层,但人们在实际的研究工作中,仍然可以通过改变基因表达调控来改变各自感兴趣的"性状"。

可是,真核细胞的"中央集权"式调控会衍生出一个新的问题,那就是其作为整合子存在所不可或缺的"三个特殊"的相关要素,在自由态状态下(无论是胞内还是胞外)的分布,无论从种类还是数量上都是在随时变化的。被安全保护起来的“零配件”的“图纸”——DNA,以及中心法则所揭示的“零配件”生产流程,当然可以通过在特定“相关要素”分布状态下优化运行模式而实现高效运行,维持整合子存在的稳健性,但如果“相关要素”分布状态的变化超出了程序化运行模式所能容错的范围,会发生什么?大概率的结局,就是系统崩溃。

可是,地球生物圈中真核细胞不但没有崩溃,反而成为地球生命之树上最令人瞩目的存在。其中的奥秘何在?

说来也很简单,那就是之前提到的,真核细胞作为一个生命子系统或说整合子,其存在单元不再只是单个细胞,而是一个细胞集合!

真核细胞虽然也可以和原核细胞一样,借助细胞分裂这个维稳机制来保持自身适度的体表比,并增加细胞数,但相对于原核细胞,真核细胞中DNA分子大幅度增加(比如人类一个细胞中的DNA有30亿个碱基对,排列起来可以有2米长),使得同一类群的真核细胞中不同细胞个体内DNA序列可能产生的差异很小。

这些序列差异虽小,却仍有可能使同一类群不同细胞个体中由DNA序列编程的生命大分子网络的运行模式出现些许差异。如果这些网络运行模式的差异恰好可以应对不同的“相关要素”分布状态的变化,那么从细胞集合的层面上,不就如同准备好了十八般兵器,兵来将挡水来土掩,从而可以应对更大范围的“相关要素”分布状态变化,并因此获得更大的整合子稳健性了吗?

上面的分析存在一个问题,即尽管从细胞集合层面上可以在更大范围应对不同的“相关要素”分布状态变化,但是在单个细胞层面上,那些无法应对变化的动态网络单元还是要崩溃的。不同的“相关要素”分布状态的变化可能引发不同单元的崩溃。那么,为什么真核细胞的“细胞集合”中的“十八般兵器”没有被各种不同的变化“各个击破”,而是被保留下来了呢?

人们在对生命系统的长期研究中发现,同一类群的真核细胞之所以能以“细胞集合”的形式获得稳健性优势,其奥秘的核心在于,这个细胞集合中的各个成员细胞之间,存在一种特殊的纽带或者叫固定的渠道,可以使细胞集合的各个成员之间共享多样化DNA序列库。这种纽带究竟是什么,是如何形成的,我们将在下一章介绍。

在这里我们先给出一个结论:由于存在共享多样化DNA序列库的纽带,真核细胞作为一个生命子系统即整合子存在的主体形式(或者存在单元),从之前原核生物的单个细胞,转变为由多个细胞构成的“细胞集合”。这个“细胞集合”的核心,是可共享的多样化DNA序列库,每个细胞则是序列库中某一种多样化类型的载体。这种全新的整合子存在单元的出现,化解了真核细胞“中央集权”所带来的稳健性增强这一正效应衍生出的副作用——应对“相关要素”分布状态变化的灵活性减弱。

从这个角度看,在生命系统演化过程中,整合子的存在形式,从最初的“红球蓝球”之间以分子间力结合的复合体为节点而关联起来的所谓“结构换能量循环”,到基于共价键自发形成而衍生的生命大分子及其网络,这些整合子都没有物理边界,因此都是“无形”的。可是,当生命大分子网络被组分包被而成为动态网络单元,这时整合子的存在就衍生出了物理边界,就成为“有形”的了。到了真核生物出现,在解决“中央集权”所带来的稳健性增强正效应的副作用的过程中,以“细胞集合”为整合子存在单元的机制脱颖而出。这种特点的出现,使得整合子的存在形式又从“有形”,变成了以“动态网络单元”为成员、成员彼此共享、没有物理边界的多样化DNA序列库的“细胞集合”,从而变为“无形”。在之后的篇章我们会看到,整合子主体形式从无形到有形再到无形再到有形的迭代过程会不断发生。这是生命系统演化中一个长期被人们忽视但却非常有趣的现象。

两个主体与一个纽带——有性生殖周期

上一章提到，真核生物作为一个生命子系统即整合子存在的主体形式，已经不再是之前原核生物阶段的单个细胞，而是以可共享的多样化DNA序列库为核心、由单个细胞作为序列库中不同序列类型载体的"细胞集合"。由于单个细胞仍然是生命大分子网络的运行单元，因此在真核细胞中，出现了两个主体：一个是作为生命大分子网络运行单元的单个细胞，另一个是以可共享多样化DNA序列库为核心的"细胞集合"。这两个主体通过一个特殊的纽带关联在一起。正是由于这种纽带的存在，细胞集合中的不同成员细胞之间才不至于如原核细胞分裂产生的细胞群体成员那样"相忘于江湖"，而是彼此（尽管不是全部成员）关联在一起，成为休戚与共的整合子存在主体。

是什么样的"纽带"具有如此魔力？

要回答这个问题，首先要回到一个大家既熟悉又陌生的生物学现象：细胞融合。说到细胞融合，大家可能会觉得陌生。但如果说来自父母的精细胞和卵细胞融合形成合子，大家一定很熟悉。我们每个人来到这个世界，都是以一次细胞融合为起点的。可是，什么样的细胞可以融合，什么样的细胞不能融合呢？背后的道理，生物学家其实也并不真正明白。

《既生瑜，何生亮》一章已经提到，真核细胞的起源与细胞融合有着不解之缘。但考虑到作为生命大分子网络动态单元的细胞，其适度的体表比是网络稳健性维持的关键要素，如果细胞随随便便就可以融合，细胞作为生命大分子网络动态单元的功能将无以为继，地球上的生命系统也就不大可能以细胞为基本单位了。如同细胞分裂是在“正反馈自组织”属性驱动下、在细胞生长到一定程度才会发生那样，细胞融合，也一定是在特殊状态下诱发的结果。那么，在什么情况下会诱发细胞融合呢？

另一个大家既熟悉又陌生的生物学现象也与“纽带”有关，那就是“减数分裂”。还是用我们每个人来到这个世界的起点——合子，作为例子。人类绝大部分细胞都是“二倍体”细胞。所谓“二倍体”细胞，指的是细胞中的染色体有两套。但前面提到的形成合子的精细胞和卵细胞的染色体只有一套，是“单倍体”细胞。其中的道理说起来其实也很简单，那就是如果精细胞和卵细胞也是二倍体，那么它们融合之后形成的合子细胞就有4套染色体了。从目前人们对各种动物染色体的观察来看，人类所属的哺乳动物中，在自然界基本上都是二倍体。或许这是乐高积木零配件生产和模型拼搭需求之间相互匹配优化的结果。既然是一种存在，那么应该有它存在的道理。

姑且不追究为什么自然界中哺乳类动物基本上都是二倍体，但有一个很简单的问题出来了：学过中学生物学的读者一定知道，一个二倍体细胞通过有丝分裂所形成的两个产物细胞仍是二倍体。人体细胞的个数在10的13次方的数量级*，这些细胞绝大部分都是有丝分裂的产物，那么多细胞都通过有丝分裂产生了，为什么偏偏精细胞、卵细胞的发生却要通过减数分裂变成单倍体呢？

---

* Sender R, Fuchs S, Milo R. Revised estimates for the number of human and bacteria cells in the body. *PLoS Biology*, 2016, 14(8): e1002533.

如果细心一点就再多问一句:减数分裂的产物细胞还能不能再进行减数分裂呢?如果不能,那么减数分裂这种一次性发生的特殊细胞分裂形式为什么没有消失在演化历史中,而是一直保留到现在,被我们人类观察到呢?

上面这些细胞融合、减数分裂为什么会发生的问题,用人类或者人类所属的哺乳类甚至更早出现在地球上的昆虫、水螅这些多细胞真核生物作为研究对象,是难以找到答案的。原因很简单,这些多细胞真核生物中的细胞融合、减数分裂发生的机制已经在多细胞化过程中重新构建,难以反映其发生之初的状况了。好在地球生物圈中还有一些仍然以单细胞形式存在的真核生物,它们虽然也历经数亿年演化,其行为和机制与祖先的相去甚远,但起码相比于多细胞真核生物,它们与祖先的相似性应该更高一些。

的确,生物学家在对单细胞真核生物的研究中发现,为寻找上述问题的答案提供了非常有益的线索。在讨论这些发现之前,首先需要明确一点,即对单细胞真核生物而言,很多都是以单倍体的状态存在(不像绝大多数的哺乳类动物都以二倍体状态存在)。也有的种类既以单倍体状态存在,也以二倍体状态存在。

在对酿酒酵母的研究中人们发现,在培养基养分充足的情况下,酿酒酵母可以以二倍体状态存在,并不断发生有丝分裂;一旦培养基中养分不足,这些二倍体细胞就不再进行有丝分裂,而是进行减数分裂。这种现象不是酿酒酵母独有的,在其他生物中也有观察报道。

在对光合自养的单细胞真核生物衣藻的研究中,人们发现,这种生物是典型的以单倍体状态存在的生物,在其生活的水体中不断发生有丝分裂(注意,虽然是单倍体,但不妨碍有丝分裂的进行)。可是,一旦水体中缺氮,这些单倍体细胞就不再进行光合作用,转而分化出一些特殊的结构,变成配子(精卵细胞的一般性叫法。或者说,精细胞和卵细胞是形态上有显著差异的两种类型的配子)，一旦两种不同类型的配子相遇，就会发生细胞融合，形成合子。

从这些研究中，我们发现，减数分裂和配子形成，似乎都涉及它们生存所需因子(或称为"三个特殊"相关要素)的缺乏或者可获得性的恶化。前面讲过，细胞是生命大分子网络的动态网络单元，网络运行所需的自由态的独立分子或要素作为生命系统的构成要素，它们的分布不仅受到细胞膜内网络的影响，还受到细胞膜外"三个特殊"相关要素分布的影响。"三个特殊"相关要素的缺乏怎么与减数分裂或者配子形成的诱导相关联呢?

先看减数分裂。减数分裂与有丝分裂最大的不同，其实并不只是其最终在细胞数(有丝分裂是一个细胞变两个，而减数分裂是一个变四个)和染色体数目上有差别，可能更重要的是，在减数分裂中，同源染色体*之间会发生片段交换。这种事件会导致DNA序列改变。有丝分裂过程中就没有这种事件。

上两章提到，真核细胞相比于原核细胞最大的不同，在于真核细胞大分子网络运行受到DNA序列更加严格的调控。其正效应在于稳健性增强，但其副作用在于应对"相关要素"变化的灵活性减弱。虽然，真核细胞以细胞集合作为整合子的主体形式可以化解灵活性减弱这一副作用，但前提是细胞集合中不同成员细胞之间要存在DNA序列的多样性。这种多样性是从哪里来的呢? 现在所了解的信息表明，除了DNA自身的随机变异或者周边物理化学因子的诱变之外，减数分裂是一种增加DNA序列变化的重要机制。减数分裂可以增加DNA序列的变化，自然也增加了应对"相关要素"变化的范围。这大概是"相关要素"缺乏

---

* 同源染色体是在二倍体真核细胞中，分别来自父母方的那对染色体，形态和大小相同，在减数分裂前期相互配对。

与减数分裂诱导相关联的根本原因。

再看配子形成。就目前所知,配子是真核细胞的一种特化形式,其功能是与其他类型的配子相遇,融合成为合子。一个有趣的现象是,所有真核生物,无论单细胞还是多细胞,起码有一种配子(有的是两种或多种)要经历一段或长或短的单细胞独立生存状态。为什么?

考虑到单倍体细胞是减数分裂的产物,而减数分裂的特点在于可以增加DNA变异。下面的问题是,减数分裂所产生的新的DNA变异中,哪些有助于增加系统的应变能力?

从配子的功能就是与其他类型配子相遇而形成合子这个前提我们可以发现,只有活下来的配子才可能有机会与其他类型配子相遇。换言之,减数分裂所产生的新的DNA变异中,只有那些能活下来与其他类型配子相遇的配子所承载的类型,才可能被保留下来,丰富可共享DNA序列库的多样性,增加细胞集合应对"相关要素"变化的灵活性!

回到本章的主题——纽带。那个让细胞集合中不同DNA类型载体共享多样化DNA序列库的纽带是什么?就是由减数分裂、异型配子形成和受精(异型配子融合形成合子)这三个在单细胞层面独立起源,但在细胞集合分化过程中彼此整合而成的独特过程。这个过程,我把它称为"有性生殖周期"(sexual reproduction cycle,SRC)*。这是一个特殊的细胞周期(这是学界对一次细胞分裂过程的另外一种称呼)。

与一般的细胞周期,比如有丝分裂一个细胞变成两个细胞的不同之处在于,在有性生殖周期过程中,先是一个二倍体细胞经过减数分裂变成4个单倍体细胞,然后,4个单倍体细胞分别独立地与其他单倍体

---

* Bai S N. The concept of the sexual reproduction cycle and its evolutionary significance. *Frontiers in Plant Science*, 2015, 6:11; 白书农.有性生殖周期.植物学报,2017,52(3):255-256。

细胞两两融合，最终形成两个二倍体细胞（图9）。在这个颇费周折的过程中，减数分裂被保留了下来，减数分裂所产生的DNA变化借配子存活被选择了出来，细胞集合中不同成员的DNA序列在受精的过程中实现了共享。

就目前对地球生物圈不同生物类型的了解，有性生殖周期是真核生物共有的一个过程。正是以有性生殖周期为纽带，真核生物，无论是单细胞类群还是多细胞类群，其作为动态网络单元的细胞或者后面我们要谈到的多细胞个体之间，得以共享多样化DNA序列库，以细胞集合为单元，成为整合子存在的主体形式。在原核生物中，尽管细胞之间也可以发生DNA的交流，但无论是交流的发生还是交流的内容都是随机的。这与真核细胞中的有性生殖周期完全不能相提并论。

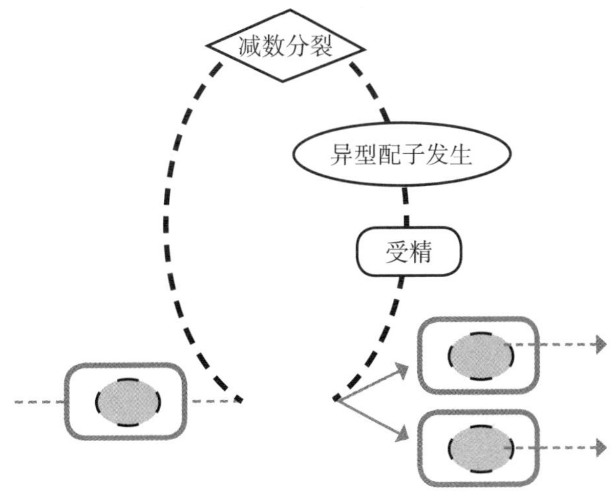

图9 有性生殖周期图示。灰色长方形表示二倍体真核细胞，中间浅灰色椭圆表示细胞核。一次有丝分裂可以由一个二倍体细胞变成两个二倍体细胞（由灰色箭头和灰色虚线表示）。但如果出现胁迫诱导，二倍体真核细胞可以进入减数分裂，经异型配子形成、受精（即异型配子融合），最后形成两个二倍体真核细胞（整个过程用黑色虚线表示）。但此时产物细胞的DNA序列可能会出现些许变化

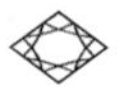

食色，性也？

很多年前，我看电视时碰巧看到一部纪录片《体验野火鸡生活》。该片介绍一位野生动物学家从孵化野火鸡开始，到陪伴野火鸡们长成并离群独立生活的全过程。因为禽类有将出壳时第一眼看到的动物视为母亲而跟随的习性（印记，imprinting），所以男主角被刚孵化的野火鸡们视为母亲而跟随并依偎。但野火鸡们长大之后，就不再跟随"母亲"，其中一只被称为"火鸡小子"的雄火鸡甚至将男主角作为自己的竞争对手，施以无情的攻击。这个纪录片让我感受到，物种特异的发育程序如此稳健，早期成长过程中陪伴的温情在激素控制的交配权争夺（哪怕对手是人类）冲动面前不堪一击。

早在安徽农学院读本科时，教授栽培育种课的老师在讲到作物特点时，常常会说"这是生物本性"。我对这种说法特别不满意。什么是"本性"？如果问老师，得到的回答常常是这要由研究生物学的人去回答，农学主要关心应用。对这类说法不满大概是我离开农学转向植物基础研究的动因之一吧。40多年过去了。回想起当年老师们的说法，我觉得也有道理：毕竟，生命世界太大了。每个人只能探索有限的问题。

那么，究竟什么是"生物本性"呢？把本章标题反过来看，"性"——本性——无非"食色"二字。这个说法出自《孟子·告子上》，应该是战国时代一个叫“告子”的人说的，孟子对这个说法没有提出异议，因此一般也都把这个说法算作“孟子语录”。不能不佩服古人的智慧——我下乡做知青时，生产队长谈起为什么要拾粪、施肥，给出的理由也是“庄稼和人一样，也要吃东西”——把肥料作为植物的食物。

我的生产队长可能和18世纪光合作用被发现之前这个世界上所有人一样，凭感官经验认为植物（庄稼）从小到大增长的部分都来自土壤中的肥料，不知道植物的主要“食物”是光合作用三要素，即光、水和二氧化碳。尽管如此，从“三个特殊”相关要素整合的角度，“食”的确是生命系统的基本属性，或曰“本性”。而且，对单细胞生物（无论是真核还是原核）及多细胞动物而言，“食”的主体，即“三个特殊”相关要素整合的主体，基本上就是单个细胞或者个体。

上一章提到，真核生物有两个主体，即作为生命大分子网络运行单元的单个细胞（或者多细胞个体。这一点将在下一篇讨论）、以可共享的多样化DNA序列库为核心的细胞集合，两个主体以“有性生殖周期”为纽带相关联。如果说“食”反映了作为“动态网络单元”的细胞中发生的“三个特殊”相关要素的整合，算是人乃至所有生物的一种“本性”，那么“色”，即动物中普遍存在的“求偶”现象，算不算生物的“本性”呢？如果算，在整合子生命观中，该被归在哪一类呢？

要讲清楚这件事，我们首先需要厘清汉语中“性”这个词的词义。在“食色，性也”这一古汉语表述中的“性”，所指的是“属性”。现代汉语中的“性”，虽然仍具有“属性”的含义，但不知从什么时候开始，被赋予了生物学上“两性”，即雌雄、公母、男女乃至“求偶”（即“色”）甚至“色情”的含义。涉及生物学两性表述时的“性”，在英文中是sex（或者gender）*。

---

* 白书农，赵春秀．“性”是什么．生命世界，2020，（10）：52-59；北京大学继续教育学院课程“什么是‘性’？”。

之所以会追究“性”字的含义，一个重要的契机是我到北京大学工作后参与了黄瓜单性花发育调控机制研究课题。该课题的最初目标，是沿袭可以追溯到20世纪30年代的将单性花发育作为植物性别分化机制研究模式的思路，揭示植物性别分化的分子机制。可是，经过十多年的研究，我们发现，单性花发育并不是植物性别分化的机制，而是植物促进异交的机制。把单性花发育作为植物性别分化机制来研究，从一开始就搞错了*!

我原以为这种错只是因为当年对植物了解不足而出现的，后来发现，有关生物学上“性”的问题，在动物中出现的混乱比植物中更严重。简单来说，就是把“性”“性别分化”“性行为”这三个在生物学上完全不同(虽然彼此相关)的现象混为一谈了。“性”(英文为sex，其原义为divide，即“区分”)是在单细胞真核生物中就出现的、发生在单细胞层面的异型配子的差异及其分化；“性别分化”是在多细胞真核生物中才出现的、保障异型配子形成的体细胞分化(如动物中的性器官分化)**；“性行为”则是在多细胞真核生物中才出现的、在保障配子相遇的同时，选择在变动环境因子中有效生存的配子的过程。

根据上面的分析可以发现，被告子与“食”相提并论的“色”，所指的只是发生在多细胞真核生物的一种，即动物中，与完成有性生殖周期有

---

* Bai S N. Are unisexual flowers an appropriate model to study plant sex determination?. *Journal of Experimental Botany*, 2020, 71(16): 4625-4628；白书农. 质疑、创新与合理性——纪念《植物学通报》创刊主编曹宗巽先生诞辰100周年. 植物学报，2020, 55(3): 274-278。

** 在动物中，性器官的分化和产生异型配子的生殖细胞的分化是彼此独立起源、当然相互影响的两个过程。生物学上称为“性别分化”。这种分化与动物的肢体和内脏形成类似，都是体细胞分化。体细胞指那些平行于生殖细胞(即进入“有性生殖周期”的细胞)、不直接参与两个主体之间纽带形成的二倍体细胞。

关的，若干不可或缺环节中的一环，即以保障配子相遇为核心而衍生出来的“求偶”现象。在这个意义上，“色”不仅无法与“两个主体性”中的“细胞集合”直接关联，成为细胞或个体的对应概念，而且只是两个主体关联纽带（即有性生殖周期）中的一个环节！从这两个方面看，“色”都不该与“食”相提并论。

其实，历史上哲人的论断和当下大众的直觉与我的观点反差最大之处，还不是前两者对“色”这个属性重要性的过度强调，而是人们对“求偶”这种行为“意义”的反果为因的解读。

我在一次介绍自己对性别问题研究结论的讲座中指出，“求偶”对动物而言是一种不得不的被迫行为。一名听众在提问时半开玩笑地说，如果“求偶”是不得不的被迫行为，那人生还有什么意义？的确，“性”（sex）之所以在全球范围成为一个最热门的词，很大程度上是人们认为，求得更多的配偶不仅是一种个人成功的标志，更是一种快乐的满足。但实际上，我在讲课涉及性别问题时，常常会问同学：人们为什么不在5岁谈恋爱，不在10岁谈恋爱，而在15岁以后谈恋爱？无非是谈恋爱是个体发育到一定阶段后激素驱动的结果。这难道不是一种被迫的行为吗？

有关“求偶”的另外一个由来已久的误解，是以为通过对更多异性的占有与交配，可以让自己的基因传下去。其实，如果大家留意过网上流传的清代12位皇帝的画像，可以发现，他们的长相各异，并没有“传承”祖上努尔哈赤的英姿，更多的可能是反映了他们各自母亲的相貌。从这个意义上，努尔哈赤相貌的基因并没有被传下来。

有性生殖周期作为关联两个主体的纽带，核心的功能是增加DNA序列库的多样性，并在“三个特殊”相关要素不断变化的过程中，在DNA序列库中整合那些有利于应对变化的类型。从这个意义上，“求偶”这一对个体而言不得不发生的被迫行为，其真正的意义是增加及优化作为“细胞集合”(或者对多细胞真核生物而言是居群)核心的可共享DNA序列库的多样性,而不是因个体的意愿,保持其作为DNA序列多样性特定类型载体所特有的DNA序列类型。

不过,话说回来,历史上对“求偶”功能的误读,以及基于这些误读的伦理规范,很大程度上为人类繁衍作出了不可低估的贡献——如果没有人们为传宗接代的不辞辛劳,在基因编程的性行为奖赏系统之外发展出激励生育的文化机制,地球上应该不会有远远超出维持一个物种所需规模的那么大量的人口!当然,这种人口规模突破食物网络制约之后的无节制增长的“正效应”,不可避免地会衍生出副作用,那就是人类这个物种对整个地球生物圈的食物网络平衡越来越严重的破坏,并最终发展到危及自身的可持续发展。

在发现历史上人们对“性”现象的误读之后的十几年中,我常常感谢当年农学院招生老师给我特别争取到录取名额,也庆幸自己当年尽管十分不情愿但仍然没有放弃通过进入农学院而上大学的机会。如果不是这个机缘巧合,我大概率会与生物学擦肩而过。而那样,恐怕就不可能有机会发现人们对“性”现象的误读,不可能有机会发现“食色,性也”这句话中的逻辑缺陷,不可能有机会意识到很多生命系统的道理和物理学原理一样,是反直觉的。很多我们自以为是“高贵的”、人类引以为荣的、“天经地义”的人生追求,原本不过是在演化中形成的发育机制所驱动的、身不由己的不得不行为。

不得不长大,不得不求偶,不得不死亡。《体验野火鸡生活》中火鸡小子凶猛无情地对待其曾经的“母亲”的镜头,常常萦绕在我脑海,令我唏嘘的同时,警醒自己不断反思“生物本性”究竟是什么。

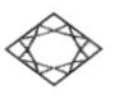

传什么"宗"，接什么"代"——群己边界另论

谈到生物，就不可避免地会谈到"物种"。连达尔文系统表达其演化思想的彪炳史册的巨著，所用的标题也是《物种起源》。在达尔文的时代，大家认为"物种"的内涵是清楚的，只是"物种"的来源是需要考证的。可是随着人们对生物研究的深入，"物种"的内涵反而变得越来越说不清了。

世界上有关物种的定义有几十种之多，其中影响比较大的，是著名的演化生物学家迈尔提出的"生物学种"概念：凡是没有生殖隔离，即个体间可以交配并产生可育后代的居群成员，都属于同一个生物学"种"。在这个意义上，地球上所有的人类，无论其肤色、语言、习俗、观念上存在多大的差异，都同属于一个生物学种，即智人（*Homo sapiens*）。

这个物种在二三十万年前出现在这个地球上，六七万年前从非洲走出来后，很快遍布地球各个角落。肤色和语言的差异是在之后的岁月中逐步形成的，习俗和观念的差异出现的时间就更短了。人类可追溯的最早的文字不过出现于6000年前，更别说不同的习俗和观念在各自的发展过程中一直处在变动之中。相对于不同居群的个体之间可以交配并产生可育后代这种共同性，在10的4次方年的时间尺度内分化出来的肤色、语言、习俗和观念这些差异，没有太多的理由给予过度的强调。大家耳熟能详的"传宗接代"中的"宗"，其实只是"智人"这个物种的巨大数量的人口中一个有限小居群在特定社会文化意义上可追溯的支系而已。

可是，迈尔的“生物学种”的概念即使在生物学范畴内，也只在真核生物的范围内才有效！原因很简单：在原核生物中没有有性生殖，也就无所谓“生殖隔离”。当然，这个问题倒不影响达尔文《物种起源》中对“物种”来源问题的讨论，毕竟在他的时代，所谓“生物”指的基本上都是真核生物，尤其是多细胞真核生物。需要在显微镜下观察的单细胞生物基本上不在他的讨论范围。但是，在已经了解了原核生物没有有性生殖周期之后，我们就无法再假装不知道个中差别，仍然根据林奈系统双名法的命名，将原核生物的“种”，比如大肠埃希菌(*Escherichia coli*)，与真核生物的“种”，比如智人，在涉及彼此间的关联方式的讨论中简单地相提并论。

前文提到，真核生物有两个主体性：生存主体是居群，其核心是可共享的DNA序列库；行为主体是个体，即从作为生命大分子动态网络单元的单个细胞到多细胞个体(本书下一篇的主题)。不同个体作为居群成员，是DNA多样性的载体，彼此之间可以通过有性生殖周期这个纽带共享DNA序列库。

考虑到真核细胞以DNA为枢纽的“中央集权”式的网络运行调控机制，不同的DNA序列所决定的生命大分子网络不可避免地会出现不同的结构。生命大分子复合体网络的差别在单细胞层面上虽然无法被人类肉眼观察到，但可以借助显微镜以形态学差别被观察到。至于在多细胞结构上的差别，就包括了人类肉眼可见的形态学特征上的差别。

由于人类对周边生物的观察并不是沿着本书叙述的顺序即从生命系统的起点“结构换能量循环”开始的，而是以生命系统迭代的结果即人类感官分辨力可辨识的多细胞生物的形态学特征开始的，所以，有关“物种”的概念随着人类对生命系统了解的深入而出现内涵的变化，也是可以理解的。如果把我们之中任何一个人放回到林奈的时代,我想,大概没有人会比他做得更好。

现阶段,借助基因组测序的结果,人们可以有效地区分基于形态学特征分类的不同生物学类群(比如“物种”),无论是对原核生物还是对真核生物。甚至根据基因序列之间的异同,人们还可以构建不同物种之间的传承关系。这些研究成果一方面为达尔文提出的“生命之树”的假设提供了坚实的实验证据,另一方面也提出了新的问题:不同类群(如“物种”)之间的边界是如何构建的?

迈尔的“生殖隔离”是对真核生物居群“边界”的一种解释。但这种“边界”究竟有多严格?如果太严格了,新“物种”如何出现?如果不那么严格,现存的“物种”如何区分?就原核生物和真核生物比较而言,原核生物没有“有性生殖”,每个细胞就是一个存在单元,真核生物则出现了两个主体性,以“居群”为存在单元。而“居群”(比如物种)的存在,不可避免地要考虑其不同成员之间的相互关系,以及不同个体在基因组层面上的差异。

由此可见,对真核生物而言,谈到“物种”时,有两种关系需要考虑:一是不同居群之间的关系,二是同一居群之内不同成员之间的关系。这两种关系都与“有性生殖周期”有关。以“有性生殖”为屏障所隔离的不同居群之间的关系,其实就是达尔文的“物种起源”问题,是“演化”的核心问题;同一居群之内以“有性生殖周期”为纽带而建立的不同个体之间的关联,则是“遗传”的核心问题。

谈到“遗传”,大概多数人脑子里马上会出现的想法就是“子肖其父”。我也曾经这么认为。在我读农学院时,我们学的所谓“育种”,在历史上最初就是通过选择带有对人们有利的或者人们喜好的性状的个体进行交配和选择,制造“纯系”(这是一个专业术语。通常的话语中叫“纯种”),获得各种具有不同应用价值的优良品种。可是,让我感到困惑的是，为什么千辛万苦选择出来的“纯系”一到应用中就会“退化”呢？而且，在学“杂种优势”时，得知这个概念是达尔文提出来的，他认为“纯系”不利于物种的生存，杂种才更具活力，我又困惑了：“物种”或者说“品种”究竟是“纯”的好还是“杂”的好呢？

多年之后我才意识到，有关“纯”和“杂”究竟哪一个“好”的问题，关键在于所谓“好”是对“谁”而言。对一个居群本身而言，如前面提到的真核生物维持自身稳健性的机制，不可避免地需要一个具有DNA多样性的居群作为生存主体，当然“杂”就是不可或缺的。可是对利用这个居群的人类而言，因为人类驯化动植物的初衷就是利用其中特殊的性状，自然是“纯”对人有利。当然，代价是人类要为违背“结构换能量”原理而不断与“品种退化”（其实就是居群回归DNA多样性的过程）斗智斗勇。

此外，和公众一般概念上所理解的内涵大不相同的是，“遗传”作为一个学科，所关注的不仅有“子肖其父”的“同”，更有“龙生九子”的“异”。其中的复杂性也是从达尔文、孟德尔时代至今的100多年里，吸引了那么多研究者孜孜以求的重要原因。

其实，对一个居群而言，其DNA序列多样性也并不是越“杂”越“好”。我在武汉大学读硕士研究生时，做的课题就是水稻杂种优势的机制。在这个过程中我发现，“杂种”其实未必一定有“优势”。这从DNA序列多样性的角度不难理解。值得关注的是，一个居群如何才能把成员间的多样性维持在既能提供应对不可预测周边要素变化的“十八般兵器”的程度，又不至于打破“有性生殖周期”这个纽带，以免出现生殖隔离而形成不同的“物种”。简单来说就是，居群内部的“杂”，到什么程度才算“适度”？

这个问题单从基因组序列分析上是无法找到答案的。在我看来，“有性生殖周期”中“异型配子”的存在可能是一个关键的调控环节。可以设想,在减数分裂随机产生的配子中,如果携带同样的基因组的配子相遇,则所形成的合子将与上一代的合子没有差别,失去了保持DNA多样性的功能。这可以用来解释目前已知异型配子相互作用机制在于细胞识别的现象。如果配子差异过大,则形成的合子内两套基因组可能无法协同作用,导致合子无法生存。当然,“异型配子”是居群内DNA序列多样性的关键调控环节的观点,还有待今后的实验检验。

谈到“合子”,就无法避免另外一个生物学上非常重要,但经常被搞混的概念:代(generation)。在对原核生物的研究中,人们习惯性地把细胞分裂一次作为“一代”。可是,在酵母或者人类这些真核生物中,细胞分裂一次能被称为“一代”吗?如果能,那么人类从一个受精卵发育成为一个由10的13次方数量级的细胞构成的多细胞个体,能说这个个体包含了很多“代”吗?

对多细胞真核生物尤其是动物而言,无论是从感官经验还是从“有性生殖周期”的概念来看,“代”都是以有性生殖周期的起始细胞和产物细胞为标志而被定义的。简单地说,只有一个合子和由该合子产生的配子融合而形成的新的合子之间,才能被称为两“代”。从这个意义上,以细胞分裂一次而定义的“代”和以有性生殖周期完成一次而定义的“代”之间完全是不可比的。所有建立在把二者混为一谈基础上的比较和结论,都是不成立的。

我一个堂弟曾经送我一本书,书中有句话我觉得写得非常好:“得到广泛使用并不意味着这个词在使用中形成明确的约定俗成而不再模糊了,更可能的情况是越来越多的人在模糊地使用这个词,而没有感到丝毫不安。”*

---

* 周洛华.市场本质.上海:上海财经大学出版社,2020:24.

 篇后n问

真核细胞的独特性只在细胞核吗

1. 真核细胞一定要以居群为生存主体吗?

真核细胞出现了两个主体性,即行为主体是个体(单个细胞或者单个动物),生存主体是居群。这便出现了一个困扰,即既然真核细胞相对于原核细胞出现了结构的集约化和调控的优化,增强了细胞存在的稳健性,那不应该比原核细胞有更强的调控能力吗?怎么会出现了灵活性降低的副作用,以至于不得不依赖于细胞集合作为整体来应对"三个特殊"相关要素不可预测的变化呢?

有关"两个主体性"的问题,最简单的基于感官经验的回应就是,我们每个人的吃喝拉撒睡都得自己"亲自"来做,别人无法替代。但如果没有其他人的存在,比如父母,任何一个"个人"都根本不可能来到这个世界上。个体与居群在物种维持过程中发挥着不同的、彼此无法替代的作用。当然,这种解释在逻辑上是无效的。因为人类是多细胞真核生物,即真核生物中的一种,这种感官经验不过是关于"两个主体性"的举例,而不是对原因的解释。要深入地了解真核生物两个主体性的来源,还得多了解一点生物,或者有耐心等我的《生命的逻辑》写完出版。如果真正理解了"两个主体性",那么真核生物需要以细胞集合(即共享DNA序列多样性的居群)来应对"相关要素"不可预测的变化,就是"两

个主体性”的结果，无须多加解释了。

2. “无形”和“无”是不是一回事？

有朋友对《无形—有形—无形—……》点评道：“应该是有，无。无也是一种存在。”写这个评语的是一位老朋友。他常常说我比较“哲学”。没想到，他的评语却非常地“哲学”——涉及对“存在”的本质问题的探讨。其实在这章我想讨论的只是实体的存在（此时没有“哲学”的意味，只是指可供检测的、以分子或原子为基础的物质存在）可以有“无形”或者“有形”两种形式。而这两种形式的区分，首先是以人类的感官分辨力为参照点的。有关这个问题，我们将在下一篇加以讨论。

《无形—有形—无形—……》这章主要希望传递一个信息，即超越我们人类感官分辨力范围的实体存在，无论是微观的分子和原子，还是宏观的群体——无数水分子构成的气团甚至台风，数不清的蚂蚁构成的蚁群（其实也包括天上的鸟群、非洲草原上的角马群、我们身边的人群），虽然身为人类的我们无法基于感官分辨力而了解其“形”，但它们却是我们理解生命所不可或缺的存在。在我的观察中，这类存在常常被研究者下意识地忽略，从而衍生出很多难以解释的困境。一旦大家对这种“看”似“无形”的存在予以应有的关注，很多问题都可以迎刃而解。

3. “身在此山”的“山”有多大？

有性生殖周期这个概念我是在2011年形成的，在2013年借一篇约稿综述发表的（如果是投稿，肯定没有杂志会发表。即使仅夹带到约稿的综述中，约稿人也曾委婉地表示是不是可以不放进去）。在这个概念形成之初，我自己对这个概念意义的理解还没有达到现在的程度，在表述上后来也做过两三次修正。但是,"有性生殖周期是一个被修饰的细胞周期"这一点,我却是在一开始就意识到了的。

有朋友看了《两个主体与一个纽带——有性生殖周期》后点评说,"这个细胞周期太长了"。我认为这个点评特别好。我对他的点评回应道:"正因为如此,才这么久没有被人类发现。"的确,这个概念本身一点都不复杂。只是大家对生活周期这个"过程"的观察过于拘泥于其"有形"的部分,而忽略了其"无形"但可能更本质的部分,从而让我捡了这个"漏"。

还是回到人类认知对感官经验的依赖上。苏东坡曾有名句"不识庐山真面目,只缘身在此山中"。在日常生活,尤其是研究工作中,我们希望了解的常常是超越我们维持生存所需的感官经验之外的事物(或实体存在的规律)。那么,这些"事物"或"规律"在多大程度或范围上超越了人类的感官经验?超出到什么程度(范围),我们才可以判断其他事物与我们关注的对象已经没有关系了?怎么把握或根据什么来把握这个度?或者说,我们"身在"的"山"究竟有多大?这其实是每个人思考过程中都无法回避的挑战。

4. 求偶是为了传宗接代吗?

有一天我在电梯里遇到邻居,他们正在议论另一个邻居家的孩子结婚生子的事情。其中的男士认为,不结婚生子就没有完成人生的责任,因为没有把基因传下去。听到他们的议论,我深感传宗接代的传统思想遇到"自私的基因",马上就可以换上"科学"的马甲。外地来北大定量生物学中心参加暑假学校的本科生,则是从另外一个角度讨论这个话题:他们关心的是,不以结婚生子为目的的情感,有没有什么生物学上合理的解释。

对于求偶和传宗接代的问题，上面两种不同的反馈非常有代表性。前者的问题在于大家对一些近年生物学研究中的新发现缺乏了解，比如，“生存主体”是居群；DNA序列多样性对真核生物的生存具有不可或缺的重要性；DNA序列多样性的重要来源，正是居群中作为DNA序列多样性载体的个体，它们通过有性生殖周期这个纽带而分享各自的DNA序列来维持多样性。正是因为求偶是为“居群”作贡献的“苦差事”，所以动物才需要借助激素和神经系统的奖赏回路去予以刺激和鼓励，到人类则除此之外还要加上各种观念、习俗予以要求甚至约束。

后者的问题在于年轻人没有意识到，人类的确是一种多细胞真核生物，的确服从多细胞真核生物的一些共同的规律。但人类又有其独特性，即我们将在第五篇中讨论的“认知决定生存”属性。这个属性决定了人类可以通过改变很多周边事物来维持自身的存在。这些“改变”很大程度上取决于人类对“事物”的认知和理解程度。比如人类发明了避孕方法，从而使得求偶与生殖解偶联，但却并没有意愿去干预求偶行为本身，反而将求偶在人类语言中加上很多人类社会演绎出来的文化要素后，以“爱情”的形式呈现，作为文学主题而津津乐道。这种现象很大程度上就不是其他生物共有的生物学问题，而是人类特有的社会学问题，不能简单地“还原”到生物学层面上去寻求解释。

5.“类”以什么为标准来“聚”？

从生物学历史到人类历史我们可以看到，分门别类不仅是生物学的首要问题，而且是人类生存的首要问题。（分门别类对于人类生存的重要性将在后面的篇章详细讨论。）在生物学范畴中，“物种”作为一个节点概念大家一般不大会有争议，但有趣的是，什么是“物种”的标准，从我读书开始就众说纷纭。

我到北大工作后,曾经在一门课上邀请到我的一位老师辈的大专家来讲什么是“物种”。即便如此,我还是过了很久都没搞明白在“物种”标准问题上人们争论的点究竟是什么。直到我自己动手写《生命的逻辑》时,去查了“物种”的英文species这个词的词源,方才恍然大悟:原来这个词的词源是“外貌”,appearance。这下我终于理解了为什么大家在这个问题上会那么纠结。

专业上的问题就不在这里多讨论了。只讲一点:现代生物学语境下讨论“物种”这个概念,或者讨论“分门别类”这个过程时,“有性生殖”是一个无法回避的关键节点——它不仅可以因个体间完成有性生殖而把同一居群中的成员关联起来,共享DNA序列多样性而成为同一个“物种”,还可以因个体间无法完成有性生殖而把不同居群的成员隔离开来(生殖隔离),成为不同的“物种”。

有人提出,因为没有有性生殖而把原核生物排除在达尔文演化理论之外是不合适的。这个问题有点儿专业,很难用简单的话讲清楚。毕竟“物种”的英文在词源上就是指“外貌”,人们最初使用这个概念进行分门别类时,并没有考虑与有性生殖的关系。后来才知道,凡是涉及孟德尔遗传定律的地方,就无法绕开有性生殖。至于原核细胞和多细胞真核生物体细胞中起始细胞与产物细胞的关系,我在武汉大学读研究生时的师姐发到我朋友圈的一句评论非常精到:原有的(起始)细胞是两个(产物)细胞的来源,但不是这两个新细胞的父亲。

在生物学研究领域,人们常常喜欢说“凡事都有例外”。其实,很多时候,“例外”不过是因为人们对所谈论的事物或者被解释的过程了解不够的托词。

第四篇

个体是什么

我相信大家中学阶段就知道古希腊的哲学家把“火”作为构成世界的一种元素，更小的时候就知道中国传统文化的阴阳五行中也有“金木水火土”一说。但是在中学化学课上，老师则教大家，著名法国化学家拉瓦锡(Antoine-Laurent de Lavoisier)在18世纪的研究表明，所谓“火”只不过是一种氧化反应的表现。那么2000多年前的古老文明中，人们为什么会把“火”误认为是一种物质或者元素呢?

从目前对人类认知能力演化的角度看，我们今天的人类和几百、几千年前的人类在大脑神经网络的组织和功能上应该没有什么实质性的差别。起码个中差别在现在的生物学分辨能力范围内无法分辨。换言之，现在的人与几百年前的人(如拉瓦锡、伽利略、达尔文)、几千年前的人(如古希腊和中国古代的哲人)相比，平均而言，大概率不会更聪明，当然也不至于更愚笨。

如果古希腊和中国古代的先贤并不比拉瓦锡愚笨，为什么他们会将“火”作为一种元素呢？我是在非常晚近的时候才意识到，这个问题是非常有意思的。我发现，先贤之所以把“火”作为一种“物质”，其内在逻辑与人们基于感官分辨力给周边事物加上符号化的标识是一样的——“火”对人类的视觉而言，能与背景产生反差而被辨识。至于将火视为“元素”，则是对事物的属性加以了解、比较和推理的结果！从这个例子看，基于感官分辨力对周边实体的辨识，哪怕推理过程合乎逻辑，也难免会将我们对世界的认知引向错误的方向。

那么，为什么人们都愿意相信“眼见为实”呢？我想大概有两个历史原因：第一，相比于其他感官，视觉可能是辨识能力最强的，因此相比于其他感官所获取的信息，人们更愿意相信视觉所获得的信息。第二，虽然视觉是生命系统在演化进程中较晚出现的感知能力，但能为动物“三个特殊”的整合提供足够有效的媒介，因此在人类经验中，借助视觉，人们可以有效地生存繁衍。注意，这里讲的“有效”，是对作为食物网络中的一个节点意义上的生存而言。随着人类的繁衍，视觉的有效性也作为一种生存经验而流传下来。于是在不同“文明”的人类居群中，都不约而同地有“眼见为实”的说法。比如在英文中就是“seeing is believing”。

基于生存经验而衍生的对视觉的信任，在多数情况下都被证明是值得的。但有时也会出现类似上面提到的对“火”的属性的误读。在对周边生物的辨识过程中，人类首先依赖于生物体与其背景的光线反差而将生物体视为一个“主体”，于是，“天经地义”地认为眼睛看到的“个体”就是一个个体。但这种判断会出现类似当年对“火”的判断那样的误读吗？

眼见为实与身在此山

在中文和英文中不约而同地都有一句谚语,用来强调人类对周边实体辨识过程中视觉的重要性:“眼见为实”和seeing is believing。当然,“实”和believing细究起来还是有所不同的。“实”繁体写作“實”,在《说文解字》中“實”的意思是“富也。从宀从貫。貫,貨貝也”。换言之,是一种实实在在的东西,比如“貨貝”。而believe的词源是be- + leven,在古英语中写作 gelēfan,与荷兰语的gellooven、德语的glauben同源,大意都是“信”“相信”。该词所指的更多的是一种推论,并非实体。

当然,无论谚语怎么解读,有一个事实是我们每个人都可以感受的,那就是没有食物进到肚子里,我们会感到饿。到哪里去找食物呢?

除了海绵、珊瑚之类固着生长的类群,对绝大多数动物而言,与找食物几乎同样重要的,是要知道周边实体中谁会把自己当成食物。人类是动物世界中的后起之“秀”,能够存活至今,能够借便捷的互联网来交流“眼见为实”的含义,是以找得到食物的同时没有被其他动物当成食物吃掉为前提的。在这个意义上,可以认为,辨识周边存在的实体,判断这些实体哪些可以作为自己的食物,哪些会把自己当成食物,当然还应该包括哪些可以成为自己的交配对象或者同类的其他成员,这是动物得以生生不息的前提条件。

对人类而言,因为有语言,尤其是有文字,就可以把对周边实体的辨识记录下来,然后对这些实体的特征进行比较和分类。生活在不同地区的人类居群,因为各自周边实体的种类不同,对实体的命名和分类方式也会不同。现代意义上的"生物学"最初的内容之一,其实就是对周边实体在观察、描述、比较基础上的分门别类,即所谓"分类学"。

而分类所遵循的标准,在西方,以布丰(George Buffon)为代表人物的博物学兴起时,借用的是亚里士多德(Aristotle)根据"灵魂"(soul)的有无和类型,将世间万物分为四大类:没有"灵魂"的矿物,只有"生长"(包括生长和繁衍)这一个"灵魂"的植物,除了"生长"之外还有"感知"(包括移动和对周围刺激的反应)这个"灵魂"的动物,以及除了"生长"和"感知"之外还有"理性"这个"灵魂"的人类。这也是当时人们认为人类"高于"世上其他事物的依据之一。由于亚里士多德的说法独立于基督教体系,又与基督教认定的人类是上帝创造的万物之灵的说法相吻合,所以他的说法不仅在基督教经院哲学中占据统治地位,在西方科学的兴起和发展过程中也一直具有挥之不去的重大影响。

从现代生物学的研究结果来看,虽然"动物"和"植物"作为不同类群的分类模式被传承了下来,但所依据的已不再是亚里士多德的分类标准——因为没有任何证据表明"灵魂"的存在,自然也不应以此作为分类的标准。同时,人们知道,人在生物学层面上只是动物界的一个成员,而"真菌"(比如蘑菇)不仅在亚里士多德分类系统中没有独立的地位,在我读大学时还被归类在"植物"中,但它却是不同于动物与植物的一个独立的类群。更值得一提的是,在亚里士多德的四大类群中,完全没有涉及地球上几乎无所不在的、对四大类群成员的生存产生深刻影响的、种类繁杂的原核细胞,如细菌。

为什么会把这么重要的一大类群给漏掉了呢?很简单的一个原因:无论在亚里士多德时代还是布丰时代,人们对周边实体的辨识所依赖的都是人类自身的感官。所谓"感官"通常指"五官",即眼、耳、鼻、舌、身。其中对实体辨识贡献最大的可能是眼睛。可是，人类视力的分辨力非常有限：从对光的感知范围而言，只在380—750纳米的范围，占整个电磁波谱的非常小的一段（彩图8）；从对实体的辨识范围而言，最小只能分辨到0.1毫米的程度。显然，对尺寸通常不超过10微米的细菌而言，没有被人类肉眼看见，也就没有什么奇怪的（真核细胞的大小只在10—100微米的范围内，也低于人眼的最低分辨力）。但人们现在借助显微镜可以知道细菌的确存在。这样来看，我们还能相信“眼见为实”吗？或者反过来问，我们眼睛没有看到的东西就不存在吗？

有没有人想过这个问题：人类的感官分辨力当初为什么没有变得更高一些？古人不是都幻想有千里眼、顺风耳吗？我想过这个问题。我的理解是，人类是在灵长类动物中“脱颖而出”的，人类各种器官的结构很大程度上是在灵长类动物祖先基础上稍加改变的结果。祖先动物的感官分辨力是在其与对食物和捕食者、配偶和同类其他成员的辨识需求相互匹配的情况下逐步形成的。从包括人类在内的灵长类动物的食物、捕食者和配偶的实体尺寸可知，这些动物感官分辨力与其辨识对象的尺寸相匹配，应该是一种“适度者生存”的结果吧。

如果上述对人类感官分辨力局限性的解释是可以接受的，那么我们就不得不面对一个事实：我们“眼见”的，只不过是维持我们作为动物世界中的一员生存所不可或缺的，远不是我们生存其中的世界的全部。正所谓“弱水三千，只取一瓢饮”。至于我们生存所需的“食物”、“捕食者”、“配偶”以及其他同类成员如何构成、从哪里来，对生存而言并非不可或缺——因为它们从人类出现之时就“在”那里，是与“生”俱来*的。

---

* 这里的与“生”俱来既可以指人类作为一个物种在地球生物圈中出现时的“生”，也可以指每一个个体出生时的“生”。“自然”一词的英文nature的词源是to be born。所谓“自然”，指的就是人类“与生俱来”的世界。可是，每一代人“与生俱来”的世界是不同的呀，那我们所说的“自然”是对谁而言的“自然”呢？

宋代大诗人苏轼曾有名句:“不识庐山真面目,只缘身在此山中。”对绝大多数动物而言,身在此山足矣,为什么要去“识”庐山真面目呢?人类稍微有点儿不同(为什么不同将在下一篇中讨论),总要追问“庐山真面目”,不仅要知其然,还要知其所以然。可是我们又与生俱来地“身在此山”,而且与生俱来的感官分辨力并没有随着大脑及其认知能力的改变而改变。当我们幻想千里眼、顺风耳的时候,当我们希望了解“食物”和“捕食者”为什么会有差别的时候,我们的感官分辨力对这类新出现的“需求”显然是“爱莫能助”。

其实,“身在此山”的局限不限于人类。很多中学生都知道,青蛙只能识别运动中的食物。一堆静止不动的食物摆在它们眼前,它们仍然会饿死。我曾经分析过,人类及其他动物的生存与周边世界的关系中最重要的要素究竟有哪些。我发现,这个问题的答案出乎意料地简单,只有两点:第一,对周边实体的辨识;第二,对实体间关系的想象。当然,“想象”只是对人而言的。对其他动物很难用“想象”这个词,因为我们无从得知它们是不是能“想象”,但“判断”能力大概是有的,比如对方是“食物”并冲过去取食,或者对方是“捕食者”于是转身逃跑。对于任何一种动物,对周边世界中实体的辨识与实体间关系的想象或判断,其范围都是有限的。这种有限性的表现形式之一,应该就是感官分辨力。当希望了解“山外”的世界时,怎么跳出感官分辨力的局限,就成为一个无法回避的挑战。

在前文对生命系统不同层级特点的讨论中,我提到,作为抽象的生命系统存在形式——整合子,在演化或迭代过程中会在有边界的“有形”和没有边界的“无形”状态之间变化。人类的视觉是以光的明暗反差所勾勒出的边界为前提,来对周边实体加以辨识的。因此,就算在视觉分辨力范围之内,基于“眼见”的辨识,其实也只包括了有“边界”即存在明暗反差的对象。这恐怕也是古人把“火”误认为是一种实体存在的原因吧。

说了那么多。其实就一个意思，大家千万要对“眼见为实”这个说法心存疑虑。只有这样，我们才能从“与生俱来”的自身感官分辨力的局限中跳出来，借助不同的工具，从千姿百态的地球生物圈中梳理出更多的线索，借以了解“生命”，并最终了解自己。

抱团取暖,合则两利

上一章提到,现代意义上的"生物学"最初的内容之一是分类学;早在人类出现之前,动物生存的基本前提就是对周边实体的辨识,以及对实体之间关系的判断。其实,与分类学一样古老甚至成形更早的现代意义上的生物学内容,还有解剖学。

这种辨识也可以追溯到动物世界,毕竟动物们也会从取食对象中选择可口的部分。人们日常生活中耳熟能详的"眼耳鼻舌""心肝肚肺",都是基于对动物身体结构的解析。可是,与分类学面临的问题一样,解剖学对其研究对象的解析程度,也受制于人类感官分辨力。从16世纪末显微镜被发明到19世纪细胞学说被提出,人类花了200多年的时间终于意识到,肉眼可见的"生物",无论是植物、动物还是真菌(比如蘑菇),都是由很多肉眼不可见的"细胞"以不同的方式堆积而成的!

细胞学说的提出,为人类研究生命系统提供了全新的视角。不过,细胞学说提出后不久,如海克尔(Ernst Haeckel)这样的学者就已经敏锐地意识到,既然单个细胞可以生活得很好,为什么还会出现多细胞生物呢? 可惜100多年后,我们对这个问题基本上仍然知之甚少。进展缓慢的原因其实也很简单——人类及其食物"与生俱来"地就是多细胞真核生物。我们并不是因为我们能解释多细胞生物是怎么来的而来到这个世界,而是因为我们存活在这个世界上才逐步发现我们是多细胞真核生物。

在生存资源有限的情况下，总有更急迫的问题需要研究。可是，如果前文对生命系统属性和特征的介绍是成立的，那么对多细胞生物起源给出一个合理的解释，就成为一个无法回避的挑战。

海克尔曾将细胞与细胞之间相互作用的可能方式归纳为有限的几种：一个细胞吞噬另一个细胞（如果被吞噬细胞被部分保留，就是《既生瑜，何生亮》一章提到的"内共生"）；两个细胞彼此相对平等地融合（比如卵细胞和精细胞融合，各自贡献一套染色体而形成合子）；一个细胞分裂之后不分离，抑或两个独立细胞彼此黏附形成细胞团。多细胞生物如果的确来自单细胞生物，那么大概率是后两种细胞相互作用方式的结果。

多年来，一直有人坚持不懈地探索多细胞真核生物起源的可能机制。有一种观点认为，原本两个独立存在的细胞彼此黏附，是周边"三个特殊"相关要素出现匮乏、诱导细胞表面黏附组分增加的结果*。美国加州大学伯克利分校的金（Nicole King）教授以领鞭毛虫为对象进行多细胞真核生物起源的研究**，发现在这种生物中存在与细胞黏附相关的蛋白质及信号分子。

如果多细胞真核生物形成的"胁迫诱导"观点是成立的，那么与本书分析过的从以"红球蓝球"为代表的"结构换能量循环"，到出现两个主体和一个纽带的真核细胞的不同层次整合子运行原理可以彼此兼容吗？完全兼容！

---

* Koschwanez J H, Foster K R, Murray A W, et al. Improved use of a public good selects for the evolution of undifferentiated multicellularity. *eLife*, 2013, 2: e00367.

** Richter D J, King N. The genomic and cellular foundations of animal origins. *Annual Review of Genetics*, 2013, 47: 509-537; Nicole King. 多细胞生物起源之谜：如何确保细胞们"团结一致"？. 2019, https://www.sohu.com/a/355448613_99907737。

在《既生瑜,何生亮》一章中,对于真核细胞起源,我们提出了在“正反馈自组织”属性的驱动下,原核细胞在各种机缘巧合之下出现的“富余生命大分子自组织”的假设。在《两个主体与一个纽带》一章中,我们提出了借助“有性生殖周期”这个纽带,真核细胞通过共享多样化DNA序列库,来化解伴随集约优化的正效应所产生的副作用,即应对周边“相关要素”变化灵活性的降低。

在“相关要素”出现匮乏(即胁迫),但还没有发展到诱导“有性生殖周期”关键事件启动的程度时,完全有可能出现一种中间状态,即如上文提到的研究工作中发现的,细胞表面黏附力增加,在周边“相关要素”浓度降低的情况下捕获效率提高。而黏附能量增加的表面,完全有可能引发两个细胞的黏附。

那么,细胞黏附或者细胞分裂后不分离而形成细胞团,有可能比单个细胞存在的状态更有效地应对“相关要素”匮乏所产生的胁迫吗?正如《作茧自缚》一章中所介绍的,细胞作为被网络组分包被的生命大分子动态网络单元,起码在“网络组分”利用和再利用的层面上,细胞团相比于单个细胞具有更高的效率。

另外,细胞团的出现,为构成细胞团的不同成员细胞之间出现分工协同、迭代出新的属性提供了可能。从目前已知的动物生存模式来看,多细胞结构分化出的各种运动、取食功能,为多细胞生命系统提供了更大的“相关要素”整合空间,这是单细胞生命系统中无法实现的。这不正是我们前面提到的“相关要素”匮乏这个“副作用”衍生出来的“正效应”吗?

大家可能看过阿米巴取食的视频,从视频可以想象,所谓“大鱼吃小鱼”是有一定道理的。动物对“三个特殊”相关要素的“取食”模式,决定了在动物演化的最初阶段(基于中国科学院古脊椎动物与古人类研究所朱敏教授团队近期发表的鱼类的“颌”起源奥秘的研究结果,在“颌”出现之前,动物是没有撕咬的能力的),“大”的细胞团相比于“小”

的细胞团更不容易被别的动物作为食物吃掉。这或许是多细胞生物被保留下来的另外一个原因。

在这里说一句题外话,我们通常说地球食物网络中,植物是第一生产者。这倒是没有错。可是如果没有动物特有的"取食"模式,不同生物之间各过各的,大概也不会出现"食物网络"这种现象。从这个意义上,动物应该是食物网络的"始作俑者"。植物只是被动地被卷入其中。

不仅如此,运用上面有关多细胞真核生物起源的"胁迫诱导"假说,还很容易解释为什么几乎所有多细胞真核生物都存在"有性生殖周期"的现象。将在《两个主体与一个纽带》一章中有关"有性生殖周期"的图拉直,就可以发现,对于单细胞真核生物,三种核心细胞即合子、减数分裂细胞和配子,以及处于它们两两之间的细胞,都可以基于"肥皂泡模型",在"正反馈自组织"属性驱动下,出现细胞分裂、产生多个细胞(彩图9,a)。

如果上文提到的胁迫诱导下不同细胞之间可以黏附形成细胞团,或者细胞分裂后不分离而形成细胞团,那么完全有可能在"有性生殖周期"三种核心细胞两两之间的"间隔期",由于不同真核细胞对"相关要素"整合方式的不同(目前一般称为"营养方式"不同,比如自养或异养)而出现不同的多细胞结构插入方式(彩图9,b)。这不就是人们在地球生物圈看到的三大类多细胞真核生物——动物、真菌和植物吗?

目前,人类对植物这种多细胞真核生物最初的细胞团起源机制知之更少。可能性比较大的是细胞分裂之后不分离。这需要今后更多的研究去发现。我们现在可以确定的是,动物和植物因为"相关要素"整合方式不同,所以其多细胞结构和有性生殖周期的整合方式不同,衍生出人类肉眼所见的不同生长方式。比如,绝大多数动物都是一个合子形成一个可以独立移动的个体,而且大多数动物是雌雄异体(即每个个体只产生一种配子类型),在胚胎发育早期就形成特化的"生殖细胞系"

(germline)作为“有性生殖周期”的载体(彩图10,c)。我们将这种生长方式称为“二岔式”。

在对植物形态建成几十年的研究过程中,我发现,与目前教科书主流观点不同的是,一株植物虽然最初也来自一个合子,但它并不可比于我们熟悉的动物个体,而是可比于我们不熟悉的珊瑚、水螅之类,是一个由很多完成生活周期的基本单元聚生而成的聚合体*。植物生长过程中没有类似动物中“生殖细胞系”那样的特化的细胞作为“有性生殖周期”的载体,而是在各种内外因子作用下,在不同生长点的末端分别分化出“有性生殖周期”的核心细胞。这也是我们能看到一棵苹果树上可以“果实累累”的真正原因。我们将这种生长方式称为“双环式”(彩图10,d)。

在“胁迫诱导”下,单细胞真核生物的细胞集合迭代出细胞团,继而分化出动物、真菌、植物;绝大多数动物以移动自身(水螅等则不行)来拓展维持自身“三个特殊”运行所需“相关要素”的整合空间,植物则以持续的生长来实现同样的功能**。原本不过是作为应对“相关要素”匮乏而“不得不”出现的细胞团(细胞黏附或者分裂后不分离的产物),居然迭代出全新的“三个特殊”相关要素整合模式。

多细胞真核生物出现后几亿年的演化,让人类“与生俱来”地坐拥千姿百态的生命世界,但也为人类留下了一个了解“庐山真面目”的迷阵。福兮?祸兮?

---

* 白书农.植物发育生物学.北京:北京大学出版社,2003;白书农.植物发育程序:基于有性生殖周期的“双环”.中国科学:生命科学,2015,45(9):811-819;白书农.量体裁新衣:从植物发育单位到植物发育程序.//《新生物学年鉴2015》编委会.新生物学年鉴2015.北京:科学出版社,2016:73-116。

** 我曾经在课上告诉同学,对动物而言,生命在于移动;对植物而言,生命在于生长。

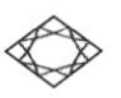

多细胞结构的边界在哪里

记得在本科学习植物生理学课程，老师在讲植物水分生理时提到，水分以液态形式被吸入植物根部细胞之后，会通过植物体内不同的细胞，最终从叶片的气孔以气态的形式挥发出去（专业的说法叫“蒸腾”）。从植物体内挥发出去的水分再通过降水过程，从大气回到土壤。从这个意义上，虽然水分在植物体内要做很多事情，但植物体实际上是水分在大气和土壤之间循环的一个开放的特殊途径。

大概因为对“土壤—植物—大气”水分循环的印象太深了，在看动物的水分代谢时，我曾经在经验上觉得动物是将水分摄入（吸或喝）到体内，在体内完成很多事情之后，再通过不同的系统，作为排泄物的一部分而被排出体外。有一次在上课时，我还和同学提到，在动物中水分利用不存在类似植物那样的“土壤—植物—大气”循环系统。可是，课后有一位同学提出，虽然动物吸水或喝水后可以带着水离开，但最终这些水还是会被排到体外，回到土壤、大气中，本质上是不是可以说动物也是“土壤—大气”水分循环中的一个途径呢？这个问题还真把我给问住了！

显然，我之所以曾有动植物在水分利用方式上有所不同的印象，其实是陷入了《眼见为实与身在此山》一章提到的基于感官经验判断所形成的误区。那堂课后，我恶补了动物解剖学，终于进一步理解了动物分类中所谓“原口动物”“后口动物”的不同。我们人类从解剖结构上属于“后口”动物。虽然这一大类动物的内外结构形态万千,但追根溯源,动物个体的消化系统本质上是开放的——食物从一个“口”摄入,经过消化系统的管道,将消化过的残渣从另一个“口”排出。水分的摄入通常与其他食物共用一个入口,出口则因动物种类的不同而有所不同。

上面的经历让我注意到一个问题,即如果动物的消化系统本质上是一个开放系统的话,那么当我们说“体内”和“体外”时,究竟在讲什么呢?如果说一个细胞是因细胞膜的出现而形成的“被网络组分包被的生命大分子网络”的动态单元,网络的自由态组分因不得不跨膜移动而出现“胞内”“胞外”的差别,那么动物作为一种多细胞真核生物,其多细胞结构与周边自由态组分的边界是只有表皮这一层,还是有表皮和消化系统内壁(因两头开口而成为与周边组分——“食物”——接触的边界。呼吸系统也有类似情况)这两层?

从我们的感官经验来看,动物与周边自由态组分(或环境因子)的边界当然就是表皮。消化系统是“体内”的结构。可是,如果从蚯蚓的身体结构看(图10),它整个身体不就相当于一根管子的“管壁”?而消化系统的内壁,不就是其多细胞结构与周边组分的另外一个边界吗?

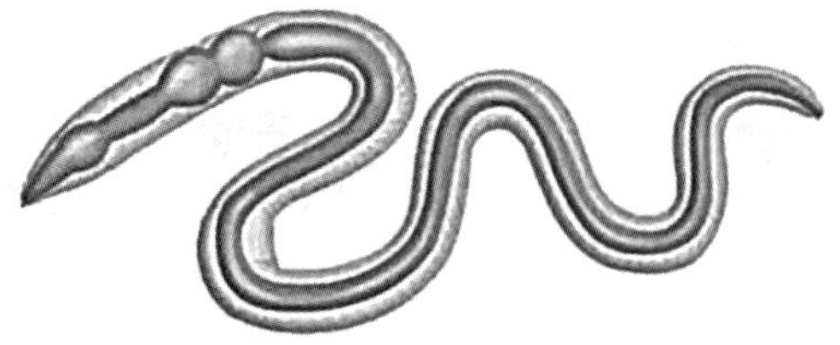

图10　蚯蚓身体结构示意图(引自Urry等,*Campbell Biology*,第11版),深色部分表示蚯蚓的消化系统。如果忽略其宽窄变化,可以将其视为一个开放的管道,图中左侧的末端被称为“口”,而右侧的末端被称为“肛门”

追究动物多细胞结构与周边组分之间，存在一个边界还是“两个”边界*有意义吗？单就动物而言，其实是没有意义的——动物早在人类对它们作出解释之前就已经在地球上存活很多亿年了。但是，如果我们希望理解多细胞结构相比于单细胞有哪些优越性，从而得以在地球上繁荣昌盛，人类又是如何从中脱颖而出，这个问题就变得有意义了。毕竟，多细胞结构不限于动物，还有植物和真菌。在植物和真菌中，多细胞结构同周边组分之间的边界与动物中的相比，有什么相同或不同？这对我们理解为什么多细胞真核生物相比于单细胞真核生物会有更大的形态结构发展空间，可能是一个难以回避的问题。

提到动物和植物的差别时，学过中学生物学的人都会说动物是“异养”，即通过取食来整合维持“三个特殊”运行的相关要素；而大多数植物是“自养”，即通过光合作用来整合维持“三个特殊”运行的相关要素。在“自养”的单细胞真核生物中，光合作用所需的光、水和二氧化碳分子都可以跨越具有半透性的细胞膜而进入细胞，作为“相关要素”，整合到以“三个特殊”为节点的生命大分子网络运行中。在“异养”的单细胞真核生物中，细胞怎么“取食”，即让无法直接穿越磷脂双层膜的物体（包括蛋白质等一些大分子）进到细胞中、成为“三个特殊”运行的“相关要素”呢？

基于多年的生物学研究，人们发现，“异养”真核细胞“取食”大致有两种方式，一种是细胞膜的形变，把体积比较大的物体借助“胞吞”**的

---

* 其实，如果把蚯蚓看作一个管状结构，所谓内外两个边界，抽象地看其实还是一个连续的边界，只不过在不同的位置表面具有不同的特点而已。我在这里讲“两个”边界很大程度上是考虑到大家的感官经验。

** 胞吞作用是细胞膜内陷形成囊泡，称胞吞泡（endocytic vesicle），将外界物质包裹并输入细胞的过程（见翟中和等主编《细胞生物学》，高等教育出版社 2007 年版）。

形式转移入细胞;另一种是把细胞内的酶分泌到胞外,将取食对象中的大分子降解为小分子再吸收到体内。前一种方式的前提,是细胞膜的形变,这是后来作为多细胞真核生物的动物的“取食”模式的原型。后一种方式则与自养细胞一样,无需细胞膜形变作为前提条件,这是后来作为多细胞真核生物的真菌的“取食”模式的原型。

对单个细胞而言,有没有细胞膜的形变,对细胞的形态与生存不会有太大的影响——细胞膜不过只是一个生命大分子网络的边界而已。可是到了多细胞阶段,情况就不同了。上一章《抱团取暖,合则两利》中提到,多细胞真核生物很可能是在周边“相关要素”匮乏的情况下,出现细胞黏附或者细胞分裂后不分离而形成细胞团,这些不得不形成的细胞团反而“合则两利”,获得了更大的“相关要素”整合空间。可是,细胞团究竟以哪些几何形态出现,才能更好地实现拓展“相关要素”整合空间的效应呢?

对一个细胞团而言,我们可以将其中每个构成单元细胞大致地视为“点”,那么细胞团可能存在的基本几何形态无非是由“点”集聚而形成的“线”、“面”或“体”。的确,在地球生命系统中还真的有这几类细胞团的几何形态,比如真菌的菌丝、植物的根、动物的毛发都是细长的“线”,植物的叶片是扁平的“面”,动物的脑袋则多为“球”、肢体多为圆柱形。

如果《作茧自缚》一章提出的,细胞是一个被网络组分包被的生命大分子网络,生命大分子网络运行需要“三个特殊”相关要素跨膜整合的说法是成立的,而且《向肥皂泡里吹气会产生几种结果》一章提出的细胞分裂只是维持适度体表比的说法也是成立的,那么当很多细胞聚集形成细胞团之后,无论细胞团内的细胞之间如何分工协同,细胞团“表面积大小”显然对整个细胞团的几何形态而言是一个重要的影响因子。

对特定的细胞数量所形成的细胞团而言，什么样的几何形状能够获得最大的表面积呢？当然是“线”和“面”。可是，被磷脂双层膜包被的生命大分子网络以水为基质，表面张力决定了本质上是柔性的细胞团不可避免地会趋向表面积最小的“球形”。球形细胞团体积越大，体表比（表面积 / 体积）越小。这与细胞这个生命大分子网络的动态单元稳健性维持出现了冲突。这种冲突在多细胞真核生物中是如何解决的呢？

在植物中，细胞壁为维持扁平结构提供了克服表面张力所需要的支撑。真菌也是靠细胞壁为“线”性的丝状体提供支撑——尽管真菌细胞壁的构成分子及分子之间的相互作用与植物不同。可是动物由“异养”的真核细胞聚集而成，而且是以“胞吞”为取食的原型，这种“异养”方式依赖于细胞膜的形变。如此，动物怎么在没有刚性支撑的情况下实现细胞团表面积最大化呢？

说来也简单：在细胞膜形变的基础上迭代出细胞团的形变*！图11是动物胚胎发育早期胚层形成过程的示意图。从一个合子开始分裂，动物最早的细胞团很快会形成可变形的胚层。无论结构上复杂程度如何，不同的组织和器官都从不同的胚层分化出来。而胚层作为一种扁平结构，其整个细胞团外部形状在表面张力作用下形成最小表面积的同时，细胞团“内”部形成一个对周边空间开放的巨大的“内表面”——在形态学或者解剖学意义上说是“内表面”，可是在生命大分子网络运行的意义上，其实仍然是“外表面”。

这就是为什么动物体“内”除了肌肉和骨骼之外，充满了各种各样的管道。这些管道的内壁，才是动物从周边整合“三个特殊”相关要素

* https://tv.sohu.com/v/dXMvMzM4NDUwOTI3LzE4Mzk4NjIxNi5zaHRtbA==.html 中这段果蝇胚胎发育过程原肠胚阶段视频，显示了细胞团形变。

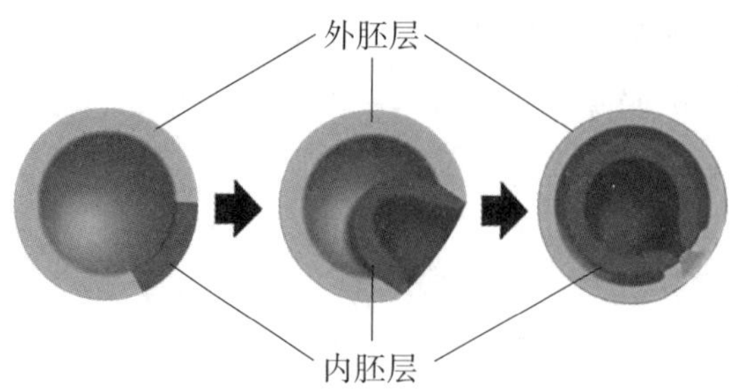

图11　动物胚胎发育早期胚层形成过程的示意图。浅色表示胚的外层细胞（外胚层），深色表示部分细胞内陷成为内胚层。很多动物在这两个胚层之间会形成中胚层

的真正的"表面"。据说，人类小肠的表面积大约有200平方米，而肺的气体交换面积大约有100平方米。人类的解剖结构比蚯蚓看起来要复杂很多，但从"三个特殊"相关要素整合过程的角度看，本质上不是一样的吗？

由上面的分析我们可以看到，从"三个特殊"相关要素整合所需表面积的角度入手，可以很好地解释"为什么同为多细胞真核生物，动物、植物、真菌之间在细胞团基本几何形状上会出现如此巨大的差别；为什么多细胞真核生物会衍生出如此形态万千的类型"——毕竟，只有在足够多的细胞做"零配件"的基础上，才可能拼出千姿百态的生命"乐高模型"。

进一步拓展，这还可以很好地解释"为什么多细胞真核生物相比于单细胞真核生物，可以占据更大的整合周边'相关要素'的空间"——植物、真菌可以不断地生长，而动物可以带着自己巨大的开放性"内表面"四处游荡。

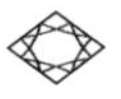

水螅与扁虫——从不动到不得不动

在前文我提出,"活"的本质是"三个特殊",即特殊组分(碳骨架组分)在特殊环境因子(地球上的光、温、水、各种离子等)参与下的特殊相互作用(分子间力)。在这种自发形成(特殊组分按照自由能下降的方向自发形成以分子间力为纽带的复合体)和扰动解体(复合体在环境因子扰动下解体而变成自由态存在的组分)的非可逆循环(我称其为"结构换能量循环",或者原初"整合子")中,一旦作为这两个独立过程关联节点的复合体出现自催化或者异催化,不同碳骨架组分之间就可以形成共价键连接,从而引发"三个特殊"相关要素的复杂化,引发"活"的过程在组分和相互作用上的迭代或演化,从而出现"生命系统"(或者叫"可迭代整合子")这种特殊的物质存在形式。

从简单的以"红球蓝球"为代表的"结构换能量循环",到生命大分子网络,再到由网络组分包被的生命大分子网络的动态单元(细胞),甚至真核细胞,我们可以看到生命系统在不同层级上的迭代。虽然形式上迥异,但原理上其实都没有脱离在"结构换能量"原理下的"正反馈自组织""先协同后分工""复杂换稳健"的属性,只不过在不同的整合子层级上出现的新特征被不同研究者当作不同的研究对象,并构建了不同的研究话题而已。

当真核细胞的生存主体不再是单个细胞,而是成为一个可共享

DNA序列多样性的细胞集合(居群)时,不可避免地出现一个新的问题,即细胞团中不同细胞之间有没有沟通协调?若有,又是如何实现的?这些沟通协调的方式也能以“整合子生命观”的逻辑体系予以解释吗?

从传统的形态学和解剖学的角度看,每一种多细胞真核生物(包括动物和植物)都有其特殊的形态和结构,不同的形态结构按空间尺度从大到小被分为“器官”“组织”“细胞”等不同的层级,进行分门别类,并加以研究。可是,如果换个角度看,即从每一个细胞都是被网络组分包被的生命大分子网络的动态单元、每个细胞都需要维持自身以“三个特殊”为起点的网络运行的角度看,那么处于细胞团内不同位置的细胞,能接触到胞外自由态组分的机会应该是不同的。

这就出现一个无法回避的问题:当多个细胞形成细胞团,无论其几何形状如何(即使是如上一章分析过的扁平结构),除了一些简单的多细胞生物之外,常常不是所有细胞都有机会占据表面有利于与周边实体交换的位置。

细胞之间无法回避的所处空间位置的差别,对细胞团至少可能引发两种结果:一种是具有复杂结构的细胞团无法维持,最终由复杂结构细胞团构成的多细胞生物无法存在;另一种是细胞团的构成细胞出现分化,细胞衍生出彼此依赖的分工协同关系。包括我们人类在内的多细胞真核生物的存在表明,生命系统的演化显然是保留了后一种可能。那么,细胞团内不同细胞出现了哪些分化呢?

多年前,我在CCTV9频道看过一部美国纪录片《生命的形状》(Shape of Life),片中海葵身体中的肌肉细胞在非常简单的神经系统的协调下,通过萌蠢地收缩而移动的镜头给我留下了深刻印象。从生物学教科书中我们可以发现,以海绵作为起点的动物演化历程中,细胞团内部细胞中最早出现的细胞分化的类型之一,就是神经细胞。在海绵中虽然还没有可分辨的神经细胞,但在领细胞中已经有神经细胞特异基因的表达*。到水螅就开始出现非常简单的神经细胞和神经网络(图12)。借助这个协调系统,水螅和海葵等刺胞类动物不仅可以协调体内不同的细胞行为,还可以对周边实体的动态形成感知和响应。

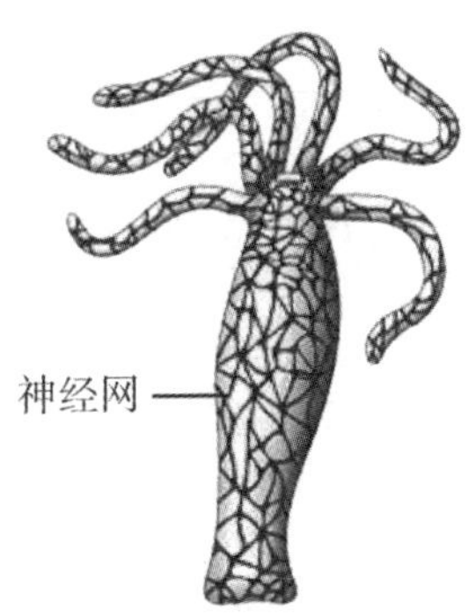

图12　水螅体内的神经网(深色线条)(引自Urry等,*Campbell Biology*,第11版)

在绝大多数人的感官经验中,动物都是要动的。但生物学家的研究结果告诉我们,也有动物是可以不动的。漂亮的珊瑚和壮观的大堡礁,都是由“不动”的刺胞类动物构成的。大家可能要问,不动的动物怎么获取食物?答案很简单——食物可以随水流而动呀。牛顿力学不是已经说了吗,运动是相对的。有人说珊瑚类动物是水体环境的晴雨表,殊不知对这些动物而言,恐怕并不“想”用它们的生命为人类做什么“好事”,只是身不由己而已。

显然,相对于动弹不得、不得不依赖水流中的养分生存的珊瑚类动物,能够自由移动的动物,哪怕是海葵那么笨拙的动物,其取食的范围都出现了实质性的增加。原本因维持细胞团内不同细胞生存而分化出现的类型之一的神经细胞,对“移动”属性的出现显然厥功至伟。从这

---

* Musser J M, Schippers K J, Nickel M, et al. Profiling cellular diversity in sponges informs animal cell type and nervous system evolution. *Science*, 2021, 374(6568): 717-723.

个角度看，动物个体的“动”，并不是因为构成动物的细胞团“要”动，而是这是为维持细胞团内不同细胞生存而不得不发生、然后被保留下来的各种细胞分化中，某种分化类型恰好出现的新功能的迭代产物。这可以看作是一种“副作用的正效应”吧。

出现自身移动的功能之后，下一个问题就是向哪里动。

在西方就演化论的争论中，有一个经典的论题，就是眼睛那么复杂的“器官”怎么可能一蹴而就地被“自然”选择出来。我在这里不去讨论这个争论的是非，而是分享一个我近年对动物感知周边实体存在机制的可能比较另类的思考。

大家知道，绝大多数动物都有眼睛这个器官。可是上面介绍的珊瑚、海葵之类刺胞动物却没有眼睛。这说明眼睛并非“自古以来”就有的。目前所知，只有到了扁虫这种两侧对称的动物出现之后，神经系统才分化出可感光的眼点，以及可以整合整个神经系统的类似“脑”的中央神经系统(图13)。细胞团内不得不发生的细胞分工中出现的那些协调不同细胞行为的神经细胞，阴差阳错地又分出一部分细胞衍生出感知周边光强的能力。

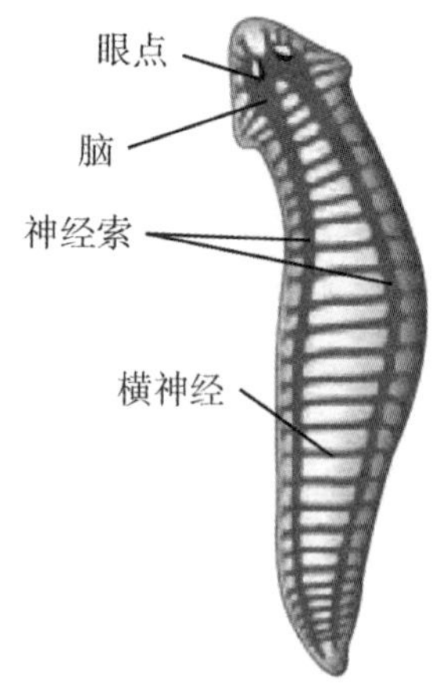

图13 扁虫体内的神经网络(深色线条)及其分化(引自Urry等，*Campbell Biology*，第11版)

一旦出现这种能力，大家可以想象后续会出现什么——对周边实体光影变化的分辨！

一旦动物获得了感知周边实体光影变化的能力，是不是就可以依据周边不同实体的大小、形状和移动速度等所关联的光影特征，对实体类型加以辨识，并进而判断周边实体中哪些是自己的食物、哪些是捕食者、哪些是配偶？考虑到光在传播的速度和距离上的优势，就很容易理解为什么以光为媒介，借助视觉在更大的时空尺度上感知周边的食物、捕食者和配偶，不约而同地成为绝大多数动物的共同选择。

从这个角度看，动物“视觉”的出现既不是上帝创造的，也不是动物“想要”的，而只不过是阴差阳错的光影效应和神经系统分化相偶联的一个结果。这种偶联恰好因为有助于动物这种整合子形态中“三个特殊”相关要素整合效率提升而被保留了下来。

如果上面的分析是成立的，那么我们可以发现，在珊瑚海葵之类的无视觉的刺胞动物和两侧对称动物扁虫出现之后的绝大多数有视觉的动物（包括后口动物、冠轮动物和蜕皮动物。图14）之间，出现了一个非常重要的演化创新，那就是“三个特殊”相关要素整合的模式，从刺胞动物对流经体表的食物的基于实体接触的“截留”，转变为以光、声等物理或者化学信号为媒介、以自身神经系统为感知与响应协调机制的追逐（或面对捕食者时的逃避）。由此解决前面提出的动物出现自身移动功能之后，向哪里动的问题。

需要特别强调的是，上述创新不只是源自细胞团内不同细胞分化的产物，还需要将原本与自身作为实体存在并无直接“关联”的其他周边实体的光影偶联起来。其效果是招募或者“借用”了原本呈自由态存在的环境因子，即光波（同理还有声、可扩散小分子等其他物理化学信号）作为“三个特殊”相关要素整合的媒介。用居维叶“漩涡”的比喻，迭代到这个程度的生命系统（即作为多细胞真核生物的动物）的运行显然

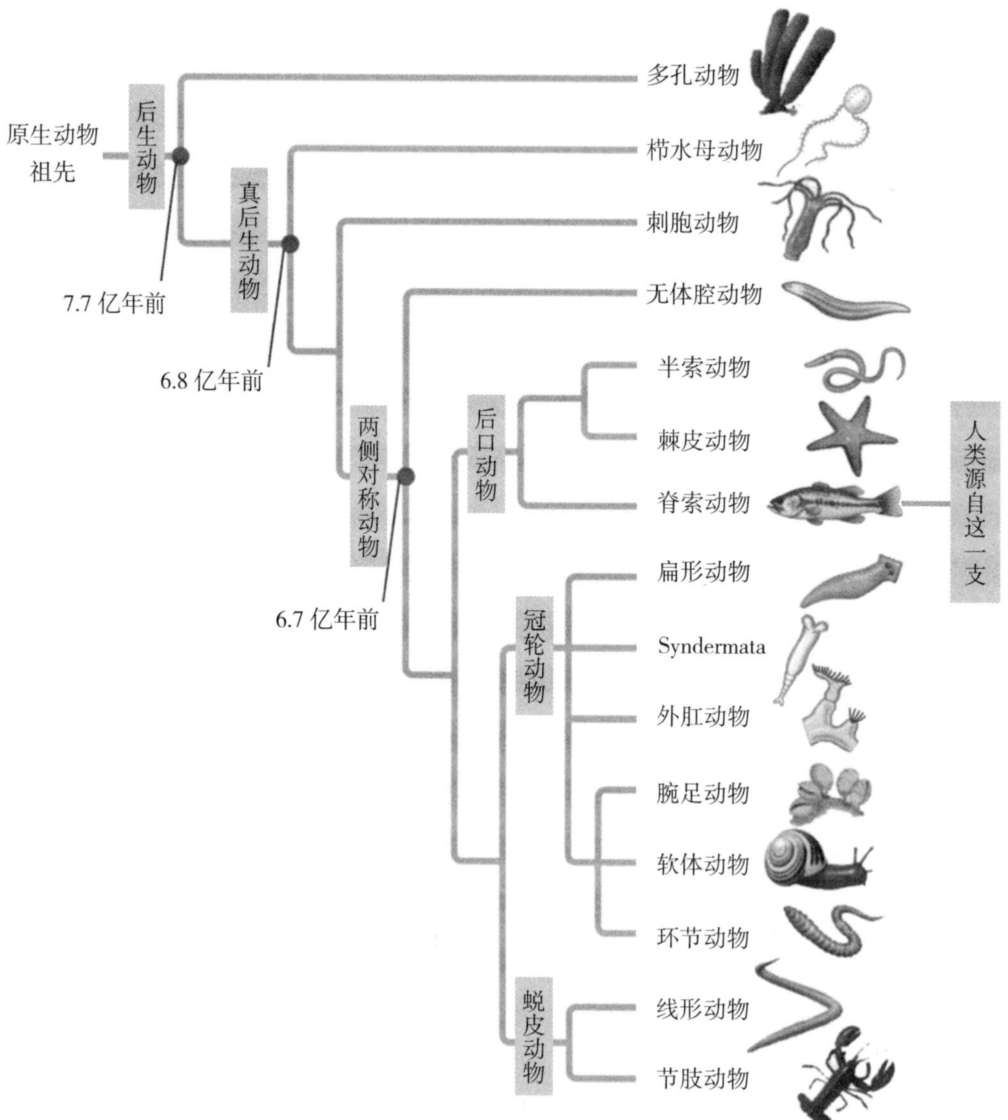

图 14　现存动物的演化树(修改自 Urry 等，*Campbell Biology*，第 11 版)。本演化树展示了现存动物大类群演化关系的一种主流观点。两侧对称动物被分为三支：后口动物、冠轮动物和蜕皮动物。时间的断代基于近年的分子钟研究

“裹挟”了更多“环境因子”参与，形成一种新的迭代。

有关视觉起源的光信号作为“三个特殊”相关要素整合媒介的解读，不仅顺理成章地将动物演化中一个重要的演化创新放到了“整合子生命观”的框架中，还为后文讨论人类与其他动物的区别提供了一个非常重要的前提。

同样是多细胞真核生物，光对于植物的作用主要不是如动物那样作为“三个特殊”相关要素整合的媒介，而是作为“三个特殊”运行所不可或缺的核心“相关要素”之一。在单细胞真核生物阶段就出现的光合自养和取食异养的差异，决定了之后出现的多细胞真核生物的形成过程中“物以类聚”，乃至多细胞结构在形态建成策略上植物和动物的分道扬镳——尽管如前文提到的，动植物的多细胞结构都遵循优先选择扁平结构的共同原理。

有关动植物形态建成策略的差异源自植物是光合自养而动物是取食异养的解释，就我的知识面而言，是我们学院樊启昶老师的原创！我曾受他邀请参加他的发育生物学课，讲授植物形态建成部分，还因此参与他《发育生物学原理》一书的编写工作。在和樊老师共事中，我学到很多。第一次听他从自养异养的角度解释动植物形态建成策略差异的原因时，我受到了巨大的震撼：难道就这么简单?！后来细究起来还真的就是这么简单！我现在经常对学生、朋友说，要更好地理解自然现象，不仅要 zoom in（追究细节），还要 zoom out（置身事外统揽全局）。我身边的同事大概因为都是做实验研究的，绝大多数人都习惯于 zoom in 思维，樊老师是其中极少的同时还能具备 zoom out 思维的学者。

要素偏好与路径依赖——什么是“个体”

什么是“个体”? 这对很多人来说答案不言而喻:一个人,一只猫,一棵树,一丛珊瑚……

大家选择这种答案时可能没有注意到,这些都只是对实体的一种表达,这些实体以我们肉眼所能分辨的边界而被辨识,从我们牙牙学语时就被成年人教授的语言符号所标注。如果从本书介绍的“整合子生命观”的角度看,作为生命系统主体的生命大分子网络,无论从哪个复杂度层面来看——以“红球蓝球”来表示的“结构换能量循环”,或者被网络组分包被的生命大分子网络的动态单元(即细胞),或者以有性生殖周期为主干而建立起来的多细胞真核生物(比如看上去有清晰边界的动物个体所形成的集合,这些生命系统主体的存在边界,原本并不是由我们人类视觉的分辨力来决定的)来看,早在人类出现之前,生命系统就已经在这个世界上存在很多亿年了。

居维叶曾经以漩涡对生命系统的存在状态作过非常贴切的比喻:“或快或慢,或复杂或简单……但各种独立的分子不断被整合进去,又不断被解离出来。”他当时认为,生物体的存在形式比其构成组分更重要。的确,在人类肉眼可辨的范围内,我们对“生物体”的界定最初都是以其“形式”为依据的,直到19世纪,我们才知道生物体的“组分”在元素层面与那些“非生物”的实体并没有特别大的不同,都是一些碳、氢、氧、氮、磷、硫等。那么这些同样的组分究竟是如何以不同的方式整合到一起，衍生出“生物”和“非生物”这两类不同的“形式”的呢？居维叶在他的时代无法给出有效的回答。

其实，答案永远是因问题而生，而问题永远是因需求而生。至于“需求”是从哪里来的，我在后面篇章中会谈到，有两个来源：脏腑饥饿和感官饥饿。《眼见为实与身在此山》一章提到，对绝大多数动物而言，“身在此山”能够满足找到食物和配偶、逃避捕食者或天敌的需求，足矣，无须去关心“庐山真面目”。在这种“需求”层面上，使用演化历程中保留下来的感官分辨力足够了。人类也一样。在传统的农耕时代，“三十亩地一头牛，老婆孩子热炕头”，日出而作日落而息，足矣！哪里需要去关心究竟是太阳绕着地球转还是地球绕着太阳转？至于什么是活物之类的问题，能动能跳能喘气的就是活的，还需要问更多吗？可是，本书所提出的问题，显然是更偏向于追问“庐山真面目”之类超越“维生”需求的问题，因此不得不努力跳出“身在此山”的局限，去寻找不同的视角。

在生物学发展史上，人们在追问“个体”是什么、该怎么区分时，出现过至少两种解读。

一种是基于外观的分辨。这是大家最为熟悉的，即借助感官（主要是视觉）所辨识的外观（首先是感官所能分辨的“实体”的边界）及其特点来界定“个体”。大家日常经验中的“花鸟鱼虫、飞禽走兽”都是以所观察对象的“实体”边界来被分辨的。

另一种是基于基因的分辨。过去200多年对生物体的研究发现，基于实体边界而被感官分辨的“个体”是由细胞构成的；细胞是以大大小小的分子为组分的；在各种组分中，蛋白质的序列是由基因决定的。在追溯不同个体的归属的研究中发现，每个个体都会在作为基因载体的DNA序列上存在差异。因此，把对“个体”的分辨追溯到DNA序列差异上好像也不无道理。

可是,DNA只是中心法则所描述的构成生物体(乐高模型)的组分蛋白质(零配件)生产流水线中的图纸。一维的或者说链式的DNA分子中四类碱基的排列,是怎么转换为四维的、可被感官辨识的"个体"的呢?

而且,尽管不同"个体"在DNA序列上会有所不同,在可辨识边界内的特征和属性也有所不同(即居维叶的"形式"),但追踪到其细胞结构中的组分,从大分子到小分子,其实并没有什么实质性的不同。不仅同一物种的不同个体没有实质性不同,在不同物种的个体之间,在基本构成分子(如蛋白质、核酸、多糖、脂类的构成单元,以及水和各种离子)的大类型上也没有实质性不同(当然在具体分子组成上会有差别)。到更小的分子或者元素层面,就更没有什么实质性的差别了(都是碳、氢、氧、氮、磷、硫等)。从最初组分的相似,到最后"形式"的不同,有没有边界?如果有,这个边界该划在哪里呢?

此外,还可以从另一个角度追问。如果说生物体的确是由不同分子(居维叶的"组分")整合而成的,而且如前文所提到的,细胞膜作为"半透性"边界对生命大分子网络运行过程中自由态组分起到区隔的作用,自由态组分在膜"内"膜"外"并没有发生实质性的改变,如果说膜"内"的自由态组分算是生命大分子网络运行的一部分,那么在膜"外"多远,这些自由态组分就不再算是生命大分子网络运行的一部分了呢?这有点儿像"居维叶漩涡"中的问题:离漩涡多远的水分子就不再算是漩涡的一部分了呢?从这个意义上讲,以人类感官辨识的边界为生物"个体"的边界是不是太武断了?

比较有关"个体"的界定和解读方式以及相关的问题,我们可以发现,目前主流的解读,无论是基于外观还是基于基因,都是静态的,而前文提出的追问都是动态的。按说,不应该把静态的描述或者定义方式与动态的问题对立起来,毕竟大家面对的是同一个实体存在。可是,怎么把静态特征和动态特征或者过程统一起来，仍然是一个无法回避的问题。

“整合子生命观”为把同一实体的动-静两方面统一起来提供了新的选择。在“整合子生命观”的视角下，动物“个体”的内涵一方面包括以细胞团为主体的、有感官经验可辨识的边界的、完成生活周期的实体单元，即居维叶有关生命定义中的“形式”，另一方面还包括了围绕细胞团周边的、维持“三个特殊”运行必需的、处于“胞（体）内外”自由态和“胞（体）内”整合态之间动态变化的相关要素，即居维叶有关生命定义中的“组分”。

从这个角度看，“形式”是包括DNA在内的“组分”的整合结果。在人类感官分辨力范围内千姿百态的“生物体”，不过是不同复杂程度上的整合子在其以“三个特殊”为基本连接所构成的生命大分子网络中“相关要素”（即上面提到的“组分”）的种类、数量及关联方式差别的表现。试想，没有不同生物体或者整合子之间在“相关要素”的种类、数量及关联方式的差别（我们将此称为整合子的“要素偏好性”），它们彼此之间根据什么被分辨呢？当然，在此我们需要对一个现象予以强调，即真核细胞中DNA分子虽然也是“组分”或者“要素”中的一种，但由于其作为生命大分子合成与降解网络自上而下的调控枢纽，自然在“要素偏好性”中具有独特的作用。

如果整合子的存在是如“居维叶漩涡”所比喻的动态过程，那么整合子存在本身的稳健性就说明，在这个动态过程中，维持“要素偏好性”就不可避免地会表现出路径依赖，即整合子运行过程对周边以自由态存在的“组分”或“相关要素”的整合是有“选择”的。这种“选择”并不是整合子有“意识”的行为，而是以“三个特殊”为连接迭代而成的生命大分子网络运行所遵循的“结构换能量”原理，以及“适度者生存”的结果或者表现。缺乏相关要素整合的路径依赖的整合子显然无法有效维持

“要素偏好性”,从而无法实现整合子存在的稳健性,也就不可能产生人类感官可辨识的“生物体”。

生物体或者整合子存在可分辨特征的“要素偏好性”,高概率整合子运行存在“路径依赖性”,这些其实都可以用《眼见为实与身在此山》一章提到的那句话来总结:弱水三千,只取一瓢饮。

只要从“居维叶漩涡”做一点发散性思考,我们就会发现,有水未必会出现漩涡,但要出现漩涡必须先有水。而且,漩涡再大,也不可能比江河湖海大。如果“整合子”是漩涡,那么早于生命系统存在于地球上的“相关要素”,不就是江河湖海吗?不同形式的生命系统不正是在地球生物圈内自由流动的“相关要素”中“自发形成,扰动解体,适度者生存”的吗?

如果上面的分析是成立的,那么我们可以发现,人们过去所说的“生存竞争”,并非不同个体或物种之间彼此为敌,而只不过是各自整合子运行稳健性及其对周边共享的“相关要素”的整合效率的表现。所谓“天敌说”无非是人类在有限时空尺度下的一种对现象的过时的解释。

现在不少年轻人热议“马太效应”。这句话的本意指强者愈强、弱者愈弱,但细究起来,这种现象不过是“要素偏好性”和“路径依赖性”的结果。生命系统从出现至今30多亿年,并没有因马太效应而消失,基本的原因不过是跳出“路径依赖”而构建新的整合子结构,也就是存在前文提到的“正效应的副作用的正效应……”这种无限循环。于是,如杜甫诗云:不废江河万古流。

回到本章最初的话题:究竟什么是“个体”?从整合子生命观的角度来看,“个体”不过是一个“眼见”的“实体”,在感官经验层面上使用方便的一个概念而已。这个概念该怎么使用,还是要看使用者的需要,方便大家沟通即可。如果一定要追根溯源,那要看所期待的“根”或者“源”是什么。其实,人们日常生活中所使用的各种观念,又有多少不是这样呢?

篇后*n*问

动物世界千姿百态的生命活动有什么共同规律可循吗

1. 何为“真”？感官经验范围之内外的两个世界

在我们日常的话语中，“真”常常伴随“实”。但如果有兴趣去查一下“真”字的源头，或者查一下true的词源，大家就可以理解“真”其实并不是不经人为修饰的存在，而是以人类作为观察主体的对周边事物的解读。在望远镜和显微镜发明之前，人们对周边事物的观察基本依赖于感官，因此对周边事物的观察的范围就不可能超越感官的分辨范围。但那些在人类感官分辨力之外的世界，却与人类可感知的世界一样，并不因人类是否能感知而存在或者消失（人造物另当别论）。

除此之外，我们将在下一篇中讨论，人类认知能力出现后形成的认知空间，还构成了一个超越个体感官经验范围的虚拟存在。因此，当我们讨论什么是“真”的时候，还真是要特别小心——毕竟，我们与生俱来地生活在一个信息有限的空间中。对超越我们个体感官经验的世界保持一份开放的心态，恐怕是我们跳出思维定势，更好地理解世界、理解自身的前提。

2. 生命系统演化的驱动力是生存竞争吗？

在现代话语体系中，达尔文演化思想已经成为一个几乎无所不在的构成要素。无论是对生命系统演化历程,还是对身边的人际关系或国际关系的讨论,很多人常常不假思索地把“生存竞争”作为讨论的前提。但本书前文对生命系统的讨论前提之一是“自发形成”。哪怕是食物网络的形成,我也认为不过是每一种具有“要素偏好性”的整合子,在其“三个特殊”运行过程中基于对“相关要素”的整合能力强弱而形成的一种与其他整合子之间相互依赖的相互作用。从这个意义上说,达尔文演化思想中提出的不同物种之间存在内在关联、有共同祖先(即生命之树)的思想是一个非凡的洞见。它不仅为后来的生物学研究提供了正确的方向,而且经受住了实验的检验。

如果把演化的动力仅仅理解为“生存竞争”,现在看来是失之偏颇的。如果将生命系统的演化看作整合子迭代,那么我们可以发现,共价键在以分子间力为纽带的复合体的基础上自发形成之后,生命系统的演化,在不同复杂度层面上都表现出“组分变异、互作创新、适度者生存”的特点。被人们解读为“生存竞争”的一些现象,常常不过是基于感官经验,对具有上面三个特点的演化事件中一些特例的拟人化的解读。很多演化创新事件并不是“为了”“自身”的“生存”而去“竞争”的产物,而是在变异组分之间随机出现的“互作创新”的产物。从这个角度反观当下人类社会,应该是“柳暗花明又一村”吧。

3. 动物为什么会动?

我不记得《十万个为什么》中有没有这样的问题。反正我到北大工作之前,好像从来没有问过这样的问题。在参与樊启昶老师的发育生物学课程和王世强老师的生理学课程教学之后,我才意识到“动物为什么会动”其实是一个非常深刻的生物学问题。

在经过多年思考之后,我才意识到,从整合子生命观的角度,可以基于当前生物学研究的结果,对动物“为什么会动”“向哪里动”“如何动”从逻辑上给出比较合理的解释。简单的回答是，它们“不得不”动，否则，不要说我们看不到它们，包括我们人类作为观察者都不可能出现。这也是为什么我意识到这个问题非常深刻。

4. 动物居群中的个体是怎么被组织在一起的？

生命演化到真核生物阶段，一个物种的生存主体就不再是单个细胞或者单个动物这样的“个体”，而是很多单细胞，或者很多“个体”借助“有性生殖周期”纽带关联在一起、共享多样化DNA序列库的“细胞集合”或者“居群”。哪怕单细胞真核生物也是如此。下面的问题就是，对于群居的动物，比如象、猴、狮，居群中的个体并不需要每天交换各自承载的DNA多样性，它们为什么以及如何形成一个井然有序的居群？这在生物学（比如生态学和动物行为学）中是一个热门话题。

由于人类的感官分辨力是以“个体”为对象的取食、避险、求偶的成功被作为“适度”的标准而在演化过程中形成的，上面问题的答案显然超越了人类的感官经验范围。从“整合子生命观”的角度，群居动物中的个体，是基于“三组分系统”的原则而被组织在一起的。所谓“三组分”指秩序、权力、食物网络制约。所谓“食物网络制约”，就是不同的“物种”个体的行为因为各自的“要素偏好性”，其行为受到食物网络中其他成员的制约；“秩序”就是个体的行为方式（在演化中形成）；“权力”就是居群中维持“秩序”的力量，通常由身强力壮的个体作为执行者。“三组分”之间形成一个良性循环，维持动物居群的可持续发展。“三组分系统”基本上可以很好地对目前很多动物行为学研究结果给出一个统一的解释。我在《走出人类世》一书中撰写的一个章节*对此有更加

---

* 白书农．疫情之后，人类社会向哪里去？——人与自然和谐共处的哲思．//宋冰，赵汀阳．走出人类世．北京：中信出版社，2021.

具体的讨论。有兴趣的读者可以参阅。

5. 动物的生命活动特点有什么共同规律可循吗?

动物种类那么多,它们的生命活动特点除了基因、细胞、异养之外,有什么共同规律可循吗?在专业研究的基础上,我曾对三大类陆生植物(即苔藓类、蕨类、种子植物类)形态建成的共同特点做过一个梳理和归纳,提出了"植物形态建成123"*说法。后来发现,用"123"的说法来梳理和归纳一些看似复杂的现象好像还挺有效。于是在我的"生命的逻辑"课程中也归纳了一个"动物生存123"。或许能为理解动物生命活动的共同规律提供一点参考。

所谓"动物生存123"中的"1"指的是"1个起点",即"有性生殖周期"。"2"指的是"2个主体性",即①行为主体是个体,这源自多细胞结构的起源方式;②生存主体是居群,这源自有性生殖周期和"雌雄异体"这种特点。"3"指的是"3个关键环节",即①个体行为以取食为起点,衍生出其他,这个环节源自"三个特殊";②性行为作为完成有性生殖周期的一种形式,表现为求偶和交配权争夺,这是多细胞真核生物中动物特有的环节;③"三组分系统"作为居群组织机制。大家可以想一想,"3个关键环节"是不是囊括了大家从有关动物生活的各种纪录片中了解到的动物世界千姿百态的生命活动?

---

* Bai S N. Plant morphogenesis 123: a renaissance in modern botany?. *Science China Life Sciences*, 2019, 62(4): 453–466.

第五篇

人是什么

在写这篇引言时,恰好2022年诺贝尔生理学或医学奖颁布:授予用古DNA测序的方法研究已经灭绝的尼安德特人和丹尼索瓦人的科学家佩博(Svante Pääbo)。这个消息,作为本篇引言的开场应该是再合适不过的了。

人是什么?从生物学上讲,现在应该已经不是问题——无论从形态学还是从DNA序列比较上,都有确凿的证据支持如下结论:人——准确地讲是我们每一个人都归属其中的"智人"——是动物王国灵长类中的一个物种。对于这样一个结论,放到世界上任何一个愿意承认科学认知、具有揭示自然之谜的能力的人,恐怕都难以拒绝。那为什么还要问这个问题呢?

回到现实生活,可以发现,"人是什么"这个问题问的实际上常常并不是生物学意义上的"人"是什么。那么这时"人"这个词,或者符号,所代表的是什么呢?

我们可以看看在日常的语境中,当涉及"人是什么"这类问题时,与"人"这个概念相反的词或者符号通常是什么。最简单的是"畜生"。说一个人"不是人",言外之意常常指这个人的行为没有遵守大众认同的规范。在这个意义上,说一个人"不是人"和说一个人"不是东西",本质上差不多,只是谴责的程度稍有不同。如果这个分析是成立的,那么

“人”这个词或者符号所代表的其实是行为规范。

还有一种语境，虽然也与“畜生”（或者文雅一点说，“动物”）有关，但不是如日常语境那样指“行为规范”，而是试图从“学术”的层面上论证“人”的“本性”，或者说“人性”。“人性”与“行为规范”的不同，在我的理解上，“行为规范”随意性更强一些，所谓“国有国法，家有家规”“十里不同俗，百里不同风（《晏子春秋》中的表述是：古者百里而异习，千里而殊俗）”，都反映了行为规范随时空变换。但讲到“人性”时，专门研究这类问题的哲学家，似乎更偏向于从变动不居的行为规范中，找出一般性的属性，从而更好地理解人类行为和社会秩序。这些学者，尤其是现代科学出现之后的学者，常常试图把“人类”和其他动物区分开来加以讨论。我早年在武汉大学读研究生时结识了一位哲学系的朋友，他就曾经告诉我，从哲学的角度看，所谓“人性”，是人类除去动物性之后的属性。他的这个回答不知道在哲学家那里是不是一种共识，但在我看来，人类行为无法否认的一个源动力就是吃饭，而“吃饭”不是所有动物共有的属性吗？把“吃饭”这种动物共有的属性去除之后，怎么可能有效地理解人类的行为动力，又怎么可能有效地解释人类的行为方式乃至行为规范呢？从著名哲学家李泽厚声称他的哲学是“吃饭哲学”以区别于其他哲学家的角度看，我那位朋友所说的在哲学家圈子里可能还真有代表性。可惜我才疏学浅，没有读过李泽厚先生的著作，不知道他的“吃饭哲学”和生物学中动物的“吃饭”属性之间有哪些内在的关联。

除了普罗大众和传统哲学家试图把人类与其他动物区分开来而理解和解释人类行为之外，历史上还有另外一种趋势，就是试图将生物学研究中对其他动物的行为观察结果及对这些行为机制的解释直接运用到对人类行为的解释上。换言之，就是简单地把人类作为动物。这种趋势的表现形式在19世纪后期有社会达尔文主义，在当下则是基因决定论——道金斯的《自私的基因》就是这类趋势的典型代表。虽然道金斯这本书也谈到了社会文化对人类行为的影响,甚至还为这种影响起了个名字,叫meme,但他并没有论证这个概念与基因的关系。在常见出版物的翻译中,meme被译为“模因”。但我觉得芝加哥大学龙漫远教授的翻译更加传神:迷因——让人迷惑的因素。

我后来发现,“人是什么”这个问题如果讨论起来,恐怕最后很难有答案,因为各执一端,每个人的视角和论证都不能说没有道理。但是,在这些所谓的“讨论”中,很多人似乎只是在“陈述”自己的观点,证明自己的视角比别人的更好,并不在意探索所讨论的对象并不因为观察者视角的不同而有所改变,其结果是无意“求同”、一味“存异”,无法形成真正的“对话”,自然也难以形成共识。

那么如果换一个问题,不去问“人是什么”,而是问智人是如何从动物世界脱颖而出的,即如何从非洲一隅的食物网络中层的一种灵长类动物,变成今天地球生物圈的主导物种,是不是可以把问题变得更加具象和清晰,从而容易接近事物的真实情况呢?

其实,人类起源的问题是一个非常古老的问题。就我这个才疏学浅、很多知识都是二手来源的人所知道的,起码有中国的女娲造人、西方的上帝造人、古印度的梵天(相当于中国的盘古)创造世间万物等传说。现代科学范围内,也有专门的学科比如古人类学在寻求这类问题的答案。一个有趣的问题是,如果说智人是生命系统演化的产物,那么从本书前面篇章讨论的有关生命系统演化或迭代的特点看,问人类起源问题会引发一种两难的情形:我们如果接受智人并非因自己“要”成为“智人”而成为“智人”的,就要接受我们是成为“智人”之后才会问自己是如何起源的——支持这个推理的证据是,智人起源可以追溯到二三十万年之前,而人类问自己是哪里来的最多能追溯到几千年之前。二者之间差了两个数量级的时间。既然已经成为“智人”了,去追问这个问题有什么意义?莫非想重新变一次?那怎么可能,又有什么必要?

我们的祖先已经在地球上不复存在了。我们如果接受智人因自己“要”成为“智人”而成为“智人”,那么是不是生命系统中各个物种都是因为它们“要”出现而出现的呢?细胞因“要”成为细胞而成为细胞,植物因“要”成为植物而成为植物?以人类当下的认知能力,这种具“泛灵论”味道的推理要被接受起来似乎也挺难的——这其实又引出一个不仅与人之为人有关,而且与我们每个人日常生活经验都有关的问题:人类为什么会对自相矛盾的现象或判断感到不舒服?

大脑是干什么用的

人们常常用一个人“脑子进水”了来形容他做事糊涂。当然，更直接的说法是这个人办事“猪脑子”或者是“没脑子”。那么，脑子就是用来想事情、做事情的吗？

说不会办事的人“猪脑子”，其实暗含了一个意思，就是承认猪也是有脑子的。换言之，脑子并不是人类专属。《水螅与扁虫》一章提到，地球上最早出现的动物（如海绵）不仅没有脑，连神经细胞都没有，但作为神经中枢的“脑”，在扁虫中就已经出现。从那之后演化出来的所有动物，都有“脑”这样一个特殊的组织或者器官。其功能本质上是整合动物个体作为“整合子”运行所需要的内外信息，维持“三个特殊”相关要素整合的效率和稳健性。

扁虫中出现“脑”，标志着动物个体对周边“相关要素”的整合从之前的以水为媒介（实体化），如海绵、水螅那样从通过的水流中截留食物，发展到以代表“相关要素”特征的其他物理化学信号为媒介（信号化），如动物感受光、声和化学分子，出现视觉、听觉、嗅觉。由于这种对“相关要素”感知方式的改变，加上被称为“脑”的中枢神经系统成功地协同个体不同部分，动物实现了移动自身（其实这个功能在“脑”出现之前就已经由神经系统的出现而实现，如《生命的形状》纪录片中萌蠢的海葵）。这种协同还涉及一个专门的概念——“本体感觉”（proprioception），在此不多讨论。从个体的角度讲，动物可以有效地拓展“三个特殊”运行所需“相关要素”的整合空间；从整个生命系统的角度讲，不同的物种可以有更大的机会发展各自的“要素偏好性”。当然不同动物的“脑”中神经元的数量、种类、连接方式和总体结构，以及由此衍生出的功能，都有所不同*（图15）。

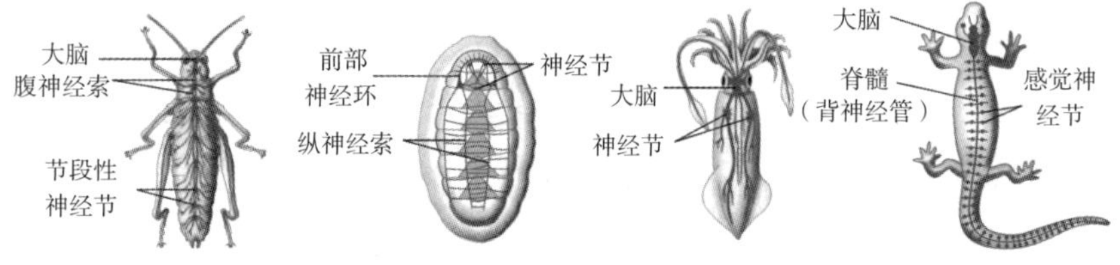

图15　动物神经系统的不同组织方式（引自Urry等，*Campbell Biology*，第11版）

如果接受扁虫以上的动物都有“脑”这样一个事实，那么就不得不面对两个选项：一个选项是，接受脑的功能就是思考（很多人是被这么教授的），那么就不得不承认猪、鱼乃至扁虫都能思考，而这就又要求对什么是“思考”给出一个不同的定义，或者要求区分人类的“思考”和其

---

* Arendt D, Tosches M A, Marlow H. From nerve net to nerve ring, nerve cord and brain—evolution of the nervous system. *Nature Reviews Neuroscience*, 2016, 17(1): 61-72.

他动物的“思考”究竟有何不同；另一个选项是，“脑”在最初出现时并不具备思考的功能，只是在人类出现之后，大脑才出现了“思考”的功能。如果讲得更准确一些，需要多出一个推理环节，即人类祖先的多样化DNA序列库中出现了新的基因，新出现的基因引发生命大分子网络结构改变，从而引发大脑的结构（当然还有其他结构）改变，这些改变导致大脑在原有功能基础上，迭代出新的功能，并因此出现了人类这个独特的物种，然后出现“思考”。

在上面两个选项中，我选择第二种。之所以做这个选择，是因为我在2013年应邀去芝加哥大学龙漫远实验室访问期间，意外得知他实验室发现，人类280个出现表达水平升高的新基因中，有54个在脑中表达*。龙漫远教授是国际上新基因起源研究的开创者和引领者。如当年达尔文的研究证明了人们长期以来信奉的“物种不变”观念是错误的，龙漫远教授的研究证明了人们长期以来信奉的“基因不变”观念是错误的。这让我意识到，困扰人类几千年（以文字记载为依据）的人类起源问题，终于有了借助可用实验检验的证据，去构建客观合理解释的希望了！

我在《乐高积木的零配件是怎么生产的》一章中提到，如果以乐高积木的模型来比喻生命系统（生命大分子网络），基因只是乐高积木零配件生产的图纸。但考虑到DNA是生命大分子合成和降解网络的“自上而下”调控的枢纽，蛋白质的高效形成主要依赖于中心法则所描述的生产流水线，因此新基因的出现，总是会为生命大分子网络结构的重构，乃至生命系统的迭代提供新的契机。虽然龙漫远实验室发现的在人类大脑中高表达的新基因的功能尚待研究，但近年在神经生物学方

---

* Zhang Y E, Landback P, Vibranovski M D, et al. Accelerated recruitment of new brain development genes into the human genome. *PLoS Biology*, 2011, 9(10): e1001179.

面的其他研究进展表明,在人类大脑中发现了一些过去未曾被发现的细胞类型,且人类大脑的神经网络的构建过程,与其他动物显著不同,从而在神经网络的构建上具有更大的可塑性。

如果相信过去100多年中对生命系统运行机制的实验研究所发现的现象、这些现象背后所遵循的物理化学原理,以及基于这些现象和原理而构建起来的、本书之前篇章所介绍的“整合子生命观”对这些现象的解释,那么我们对下面的推理可以抱有比较大的信心:新基因出现后,其表达产物可能引发决定神经细胞分化模式的生命大分子网络的重构,从而迭代出大脑这种特殊的多细胞结构的新的属性或者叫“功能”。获得这些新功能的个体因此获得了更高的“三个特殊”运行的效率和稳健性,并以有性生殖周期为纽带,使这些新的属性借居群中多样化DNA序列库的共享,从个体的属性变成居群的属性,最终,这种具有全新属性的居群从其祖先类群中脱颖而出,成为一个新的类群。

上过中学的朋友大概还记得,曾经有不同的老师在不同的场合提到过“哲学”。讲到“哲学”,除了会想到“是谁”“从哪儿来”“到哪儿去”这类问题之外,可能很多人还会想到究竟是“存在决定意识”还是“意识决定存在”这类问题,而且会有印象,很多哲学家为这些问题争论了几百年甚至上千年,也没有争出个结果。在这里,“意识”就与“脑”有关。

其实,如果接受“人首先是一种生物”这个基本事实,然后把人类作为整个生命系统中的一种存在形式,放到10的9次方年(实际是30亿年),而不是“轴心时代”以降的10的3次方年(实际是2600年或者2800年)这个时间尺度上来看,我们就无法回避一个基本事实:对动物这种生命系统的特殊存在形式而言,“脑”并不是“自古以来”就有的。“脑”之所以被保留下来,不过是因为其作为内外信号的协同中心,帮助动物个体获得了在更大空间范围内整合维持“三个特殊”所需的“相关要素”的能力而已。换言之,“脑”只不过是以动物个体为存在形式的多细胞结构的一个具有特殊功能的组成部分而已。

我们看待其他动物时,说"脑"是动物个体的一个组成部分,好像从来不会觉得有什么奇怪,可是放到人类自己身上,觉得似乎没有对"脑"的作用给出足够的评价。有一种观念认为,人之所以有别于其他动物,在于人类有理性的灵魂,而"理性"源自人类的思考,思考的场所在大脑。于是,有人又进一步想象,大脑就如同《忍者神龟》(Teenage Mutant Ninja Turtles)中的反派角色朗格(Krang)那样,可以在一个装满液体的水缸中发号施令。在这种想象的基础上,有人还讨论"如果换一个脑袋,一个人是不是还是原来的自己"等问题。

可惜,越来越多的神经生物学研究表明,人类大脑的运行机制与其他动物并没有本质不同,都是各种神经细胞之间的相互作用,从而整合体内外各种信号,使得个体对"'三个特殊'运行所必需的'相关要素'的整合机制"从"实体化"转变为"信号化"。尤其值得强调的是,近年的研究表明,人类大脑的功能,并不是如之前有人想象的那样,是一个装在颅骨中的计算机,而是一个被嵌入有机体之中才能发挥作用的结构。这种对大脑功能尤其是人类特有的"思考"、"意识"或者"智能"的解读,有一个专门的名词,叫作"具身心智"(embodied mind)*。至于人类大脑有哪些不同于其他动物的新的功能,使得人类有别于其他动物,将在后文讨论。

---

* Andy Clark. *Surfing Uncertainty: Prediction, Action, and the Embodied Mind*. Oxford: Oxford University Press, 2019(本书有中文版:《预测算法——具身智能如何应对不确定性》,安迪·克拉克著,刘林澍译,机械工业出版社2020年出版)。

脱实向虚与人之为人Ⅰ:人类语言的出现

前文提到,自扁虫之后的动物都具有作为神经中枢的“脑”。脑的出现,使得在动物的“三个特殊”运行中,对“相关要素”的整合从之前不得不以水为媒介(即“实体化”),转变为以代表“相关要素”特征的物理化学信号为媒介(即“信号化”),从而有效地拓展了“相关要素”的整合空间,并因此衍生出地球生物圈看似复杂的食物网络。

人类大脑虽然与其他动物的大脑在基因序列、基因表达调控、细胞结构等层面上都有所不同,但就目前所知,人类大脑作为神经中枢,整合内外信息的机制和其他动物一样,都是通过神经元放电和接受如多巴胺等小分子调控来实现的。世界上那么多高智商的人,花费巨额经费,对猴、猫、鼠,甚至果蝇、线虫等动物的大脑进行研究,都是基于一个“得到实验证据支持”的信念,即人类由其他动物演化而来,因此大脑运行的基本机制与其他动物有相似之处。

那么问题来了,人类和其他动物的差别究竟在哪里呢?

回到《大脑是干什么用的》一章提到的话题,即由动物都有“脑”这样一个事实而衍生出的对“脑的功能是不是‘思考’”的两种选项,以及我认为“思考”是大脑演化过程中出现的一个人类特有的新功能或说新属性的看法,先来探讨一下究竟什么是“思考”(think)。

从词源的角度看,在最早的汉语词典《尔雅》的在线版中没有查到

"思"字。《说文解字》中对"思"的注释是"容也"。段玉裁《说文解字注》中有"凡深通皆曰睿"。在《尔雅》的在线版中可以查到"考"字。《说文解字》中对"考"的注释是"老也"。段玉裁提到该字也写作"攷",解释是"凡言考校、考問字皆爲攷之假借也"。英文think的词源是to know, recognize, identify, perceive。显然,从中英文"思考"(think)的词源上,其实无法认定"思考"是人类特有的,毕竟,其他的动物对周边"相关要素"的整合过程也需要对周边实体的辨识和理解。那么,为什么我仍然认为"思考"是人类特有的新功能或新属性呢?

在解释我的观点之前,先讲个真实的故事。我的一个发小曾经告诉我,他和太太在女儿身上做过一个实验:从女儿出生开始,他们家人就在交流中说糖的味道是苦的。结果,他女儿一直到和别的小朋友交流之前,都把糖的味道说成"苦"。这个故事让我意识到,很多我们描述周边事物时所用的概念,其实是人为构建起来的。大家约定俗成地把糖的味道称为"甜",于是每一个人从会说话开始就在"糖"这种实体与"甜"这种对实体属性的表述之间建立了关联。但是这种关联原本也是可以有其他形式的。

下面要再问一下:无论对人类还是对其他动物而言,对糖或者水果之类甜味食物的喜好,与把这些食物称为"甜"或者"苦"哪一个在先呢?没有语言的动物,如猴子会因为没有语言而无法辨识水果,并因此放弃对水果的喜好,或者因此吃不到水果吗?如果答案是否定的,那么人类把周边实体及其属性用语言标注出来有什么好处,使得人类"与生俱来"地使用语言,并且具有上述我好友在他女儿身上做的实验所揭示的语言的构建本质呢?

大概因为我发小的实验,还可能因为我小时候生活在多种方言的环境,以及在自己做研究的过程中切身感受到语言带来方便的同时也给探索未知带来了干扰*,所以很久以来,我一直对人类语言是如何产生的颇有兴趣。非常幸运的是,在武汉大学读研究生时的同门师弟的太太是语言疾病方面的专家。他俩现在芝加哥工作。2013年,我在龙漫远实验室访问时曾在他家小住,其间从他太太那里学到了一个重要的知识:人类语言形成,需要三个不同层级控制机制之间的协调。这三个层级是:上层的大脑对信息的处理,中层的小脑到基底神经节对运动的编程,底层的肌肉群体来执行运动程序**。她还推荐给我一本有关人类语言研究的书籍《伊芙说话了》(*Eve Spoke*)。在这本书中,我第一次了解到黑猩猩可以理解人类手语的研究结果。这为我进一步了解有关人类语言起源的研究打开了一道门。

那次芝加哥之行使我意识到,人类获得语言的能力,并非一蹴而就***。这个过程不仅涉及人类因基因变异(如龙漫远实验室发现的新基因)及其引发的新的基因表达调控机制、新的细胞结构和新的神经网络发育模式,还涉及人类自身生存模式改变给语言能力演化带来的影响****。人类的语言能力并非因为早年间哪一个人类祖先"想"说话了而出现,它首先是随机发生的基因变异中某些变异类型

---

* 比如我们每个人从小就会用"花"来描述的植物结构究竟是什么,其实背后存在很多误读。详见:白书农.花是器官吗?.高校生物学教学研究(电子版),2013,3(1):51-56。

** van der Merwe A. A theoretical framework for the characteriszation of pathological speech sensorimotor control.//McNeil M R. *Clinical Management of Sensorimotor Speech Disorders*, 2nd Ed. New York:Thieme Medical Publishers, 2009.

*** 人类语言能力不是与生俱来的,这一特点在个体的层面上最好的例子就是"牙牙学语"。

**** Diamond J, The evolution of human inventiveness.//Murphy M P, O' Neill L A. *What Is Life? The Next Fifty Years: Speculations on the Future of Biology*. Cambridge: Cambridge University Press, 1995.

迭代出的新生命大分子网络所引发的细胞分化,以及很多新的细胞互作的产物。可是,在多细胞真核生物中,基因变异引发的形态和功能的创新比比皆是,语言表达能力的出现为人类生存带来了什么新的优越性呢?

要回答这个问题,需要先对语言表达能力做一点进一步的分析。

这种能力用无线电广播作比喻大概比较容易解释。其一,如同无线电广播首先要有电波发射一样,人类语言首先要能够发声,特别是能发出比较复杂的声音;其二,如同无线电广播需要加载借电波发送的图像或声音信号一样,人类语言需要在声波上加载信息并能被同类接收和解码这些信息。可是,上面两个要素从物理层面上看,都不是人类语言能力所特有的,因为人们很早就知道鸟可以用鸣叫来进行同类间的沟通,近年对其他动物比如海豚以声音为媒介的沟通(语言)现象有了越来越多的了解。那么,人类语言表达能力和其他动物以声音为载体进行联络的能力有什么区别呢?

图16显示的是我从《说文解字》中找到的用来描述“牛”的不同的字,这些字在现代汉语中很多都不再使用了。这让我想到一个问题:为什么这些字都不用了呢?一个可能的原因,是在过去2000多年中,人们对周边实体的描述方式,从曾经的对具象的小类的分别描述,逐渐转变为用抽象的集合名词来描述大类,然后加上形容词来描述对小类的分辨。这种信息处理方式(或套用计算机术语——算法)的改变,使得我们可以用更少的集合名词和形容词的搭配来描述更多的对象,从而减少了不得不处理的信息量。

虽然文字的出现远远晚于口语的出现,但从对图16分析的逻辑,可以做一种推理,即早期的人类很可能借助语言表达能力,为周边的实体存在赋予特定的符号,从而可以借助语言表达能力向同类传递有关周边实体存在的信息。由此,当一个居群成员对其生存空间中的所有

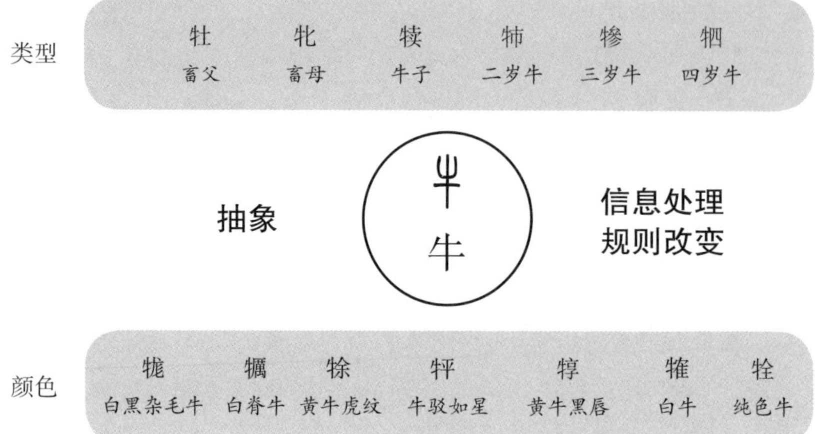

图16 《说文解字》中描述的各种“牛”。古汉语以单字来同时表达对象的不同属性，现代汉语常常用词组，由分别表达不同类型属性（比如种类、颜色、年龄）的单字组合来表达对象的属性。表达类型属性的字可以不限于特定的对象，因此更加抽象，词的组合也更加灵活。对使用者而言，这种信息处理规则的改变可以带来更高的效率

相关实体都赋予约定俗成的符号之后，大家就可以在五官接收信号的范围之外，了解周边实体的存在！我们姑且将这个过程称为“三个特殊”相关要素整合媒介的“符号化”。

如果说在扁虫之后有大脑的动物，可以借助代表“相关要素”特征的物理化学信号为媒介，实现“三个特殊”运行“相关要素”整合过程的“信号化”，相比于海绵、水螅以水为媒介的“实体化”获得了更大的整合空间，那么我们可以很容易理解，人类为周边实体存在赋予特定符号（即符号化），可以让不同个体借助“符号”而在物理化学信号可接收范围之外了解周边实体的存在，这不是进一步扩大了“相关要素”的整合空间吗？

不仅如此,如果考虑到人类还可以借助符号的虚拟性,让生活经验(其实是“三个特殊”运行所需“相关要素”整合的有效模式)在承载或创造经验的个体消失之后仍可以代际相传,“符号化”的效应就不只是进一步拓展了“相关要素”整合的空间尺度,还拓展了“相关要素”整合的时间尺度！这是不是可以被视为语言表达能力的出现,为人类生存所带来的生存优势呢?

相信有人马上会问,鸟语算不算“符号化”呢?这是个好问题,下一章讨论。

脱实向虚与人之为人Ⅱ：工具创制、认知能力与感官饥饿

上一章提出，对“三个特殊”相关要素整合媒介的“符号化”，不仅可以让不同个体在代表“相关要素”特征的物理化学信号可接收范围之外，了解周边实体迭代存在，由此拓展“三个特殊”相关要素整合的空间尺度，还可以借助符号而实现生活经验的代际传递，从而拓展“三个特殊”相关要素整合的时间尺度。以此提出，语言表达能力为人类生存带来了全新的生存优势。但是，这个判断面临一个挑战，即鸟语算不算“符号化”。

戴蒙德曾经在他有关语言起源的研究中提到采集渔猎（简称“采猎”）部落语言相对简单的现象。为什么停留在采猎阶段的人类相比于进入农耕阶段的人类，在语言形式和内容上都会相对简单呢？是因为基因或者因为基因所决定的人体结构不同吗？我没有看到任何这方面的研究证据。但有一个现象可以对基因决定论提出质疑，即很多出生在封闭落后地区的人进入发达地区之后，可以很快地掌握在其出生地的人们从来不使用的语言（比如学另一种方言，甚至学一门外语）。如果采猎部落语言相对简单的现象不是基因或者人体结构造成的，那么还有什么可能呢？

仔细分析人类语言的构成和发展，我们可以发现，在发声和加载信息两个要素之外，还有一个重要的但在有文字记录之前很难保留下来作为今天研究对象的要素，即被“符号化”的信息内容的迭代！我们无法知道鸟类或海豚借声音而传播的信息中，究竟有多少代表周边实体的符号，但我们可以知道，相比于采猎部落的语言，有文字记录社会的符号要复杂得多。如果这个判断是成立的，那么我们可以发现两个非常有意思的比较。

一个比较是，虽然鸟类或海豚都可以如人类那样借助声音来交流对周边实体的感知，它们的语言当然也属于“符号化”，但它们的身体结构决定了它们难以改变周边实体的存在形式，因此需要被交流的信息也只能限于既存的周边实体相关的内容。而人类却因为能够利用工具改变周边实体的存在，使得可供交流的信息或者符号随工具的改进和对周边实体的改变而不断增加，从而最终在可利用符号的种类和数量上与鸟类和海豚等动物产生实质性差别。

另一个比较是，虽然黑猩猩、僧帽猴等灵长类动物也能借助工具改变周边实体的存在，可是就目前所知，它们很不幸地缺乏借助声音来交流声音信息的身体结构。因此，尽管从《伊芙说话了》报道黑猩猩可以学会人类手语开始，不断有研究认为黑猩猩、倭黑猩猩甚至大猩猩可以学会人类使用的抽象符号（如手语和图解）*，但这些人类近亲无法自主形成类似人类的语言表达能力，并衍生出复杂的符号系统。

基于上面两个比较可以发现，虽然以语言表达能力为特征的“符号化”并非人类特有，但在其他生物中，这种能力无法与基于其他身体结构的利用工具改变周边实体的能力相结合，“符号化”所带来的生存优势难以自主迭代。只有“符号化”与人类利用和制造工具而改变周边实体存在形式的能力及其表达需求相结合、借助声音而传播的“信

---

* 参见英国纪录片《科科——与人类交谈的大猩猩》(KoKo: The Gorilla Who Talks to People)。

息”得以迭代之后,“符号化”所带来的“三个特殊”相关要素整合的时空尺度的拓展,才能形成一个正反馈系统:不仅更高效地利用既存的“相关要素”,而且可以借助改变周边实体的存在形式而不断创造新的“相关要素”。

考虑到“符号”和符号的处理都属于信息处理功能,此处将因工具创制而衍生出的、具有自驱动迭代特征的“符号化”能力称为“认知能力”。或者用一个简单的公式来表示:认知能力=形成符号的抽象能力+传播符号的语言能力+衍生新符号的工具创制能力。从这个角度看,如此定义的虚实结合的“认知能力”大概是人之为人的奥秘?

其实,事情并没有到此为止。相信很多读者从类似《动物世界》的纪录片中可以看到,在野生动物的居群中,处于幼小阶段的动物不停地上蹿下跳,成年动物吃饱后基本上就在闭目养神。这其实反映了成年动物的行为驱动力无非是取食、避险和求偶。从整合子运行的角度讲,动物最核心的行为驱动力就是“取食”。而驱动“取食”的动力当然就是“脏腑饥饿”。

人首先是一种动物。所谓“民以食为天”,讲的其实就是“脏腑饥饿”。但人类为什么吃饱了还要忙乎呢?有人说是防患于未然,有人说是贪婪。其实,从上述基于语言能力的“符号化”与“工具创制”之间形成的正反馈关系我们可以发现,人类不同于其他动物的行为模式背后,有更深层次的原因。

前文提到,有“脑”的动物对于周边“相关要素”的整合过程,都需要对周边实体的辨识和理解。显然,作为神经中枢的大脑对相关信息的处理能力,应该与其生存所需处理的信息量相匹配。能力不足将无法生存,能力过剩则是一种浪费。如果这个判断是成立的,那么我们可以将绝大多数动物吃饱了就闭目养神的现象,作为一种动物行为的基本状态。

以此为参照系，再看人类认知能力出现之后会发生什么：在工具的帮助下，人类“三个特殊”相关要素的整合效率，或者广义上的“取食”效率会得到提高（否则“工具”将失去其应有之义）。这种取食效率提高大概源自两种变化：第一，“符号化”提升了大脑对相关信息的处理能力；第二，取食效率提高意味着为满足生存所需处理的信息量可以降低。这一升一降会衍生出一个结果，即打破了原本在演化过程中形成的大脑信息处理能力与所需处理信息量之间的平衡。打破这种平衡又会产生什么后果呢？

对受过基础教育尤其是关注过科学发现的人来说，“好奇心”不是一个陌生的概念。可是我从来没有见过人们对“好奇心”的生物学基础做过分析。在“好奇心”的驱动下，我曾经去查过英文 curiosity（好奇心）一词的词源。检索的结果给了我一个意外的惊喜：在 dictionary.com 网络词典中，一个老版本的词源注释是“from Latin *cūriōsus* taking pains over something, from *cūra* care”。“taking pains over something”意为因某事而痛苦，即某种身体上的不适，是不是打破脑体平衡带来的后果呢？如果是，可不可以认为人类“好奇心”的生物学本质，就是因为认知能力发展而衍生出的信息处理能力与所需处理信息量之间平衡破缺的表现形式之一呢？

如果上述词典中的解释的确在某种程度上反映了实际发生的过程，那么要化解因脑体平衡被打破带来的身体不适，大概只有两种办法：降低大脑对信息的处理能力；寻找或者创造新信息供给大脑，以重建脑体平衡。由于大脑对信息处理能力的提升是一系列演化事件正反馈迭代的结果，估计要降低大脑对信息的处理能力并不容易。于是只好用后一种方法来重建脑体平衡。如果把驱动取食的动力称为“脏腑饥饿”，那么对于寻找或者创造新信息来重建“脑体平衡”的行为，其动力不是可以被称为“感官饥饿”吗？

目前,“感官饥饿”只是我从不同的观察和推理中提出的一个概念。至少我没有从别处看到类似的说法,自然也没有看到支持或者反对这个概念的实验证据,但“好奇心”驱动人们探索未知,确是一个被大家广为接受的说法。如果接受“好奇心”是人类行为驱动力的说法,而且把“好奇心”看作“感官饥饿”的一种表现形式,那么“感官饥饿”显然应该被视为一种人类特有的行为驱动力。正是在“感官饥饿”的驱动下,人类不得不去尝试各种看似“无用”的行为。在行为开始之前,其实没有人知道这些行为会产生什么后果,更谈不上行为是“有用”还是“无用”。但在行为出现之后人们可以发现,有些行为为人们带来了全新的生存空间,因此被后人作为“生活经验”而流传;有些行为不过是消磨时光,但其中一些变成了后人眼中的“艺术”;有些行为则给人类生存带来了危害,于是成为后人口中的“禁忌”。

无论“感官饥饿”驱动的行为本身具有多大的不确定性,作为“认知能力”衍生物的“感官饥饿”都为人类引入了其他动物所没有的行为驱动力。“认知能力”借助语言把个体作为行为主体而形成的生存经验“外化”,成为居群成员共享的生存经验,而“感官饥饿”的出现又使得“认知能力”发展所带来的生存效率提升被“内化”,成为新的行为驱动力。两种机制互动,迭代出一个更高层级上的正反馈机制。这种全新的正反馈机制再和“脏腑饥饿”虚实结合(彩图11),如同启动了一台可以自制燃料的发动机——在它的轰鸣声中,人类被推上了一条充满不确定性的“认知决定生存”的演化道路!

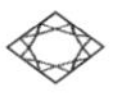

酋长的标志——从弱肉强食到擒贼擒王

《水螅与扁虫》一章提到，动物的“动”是不得已而为之。而出现自身移动功能之后，就无法避免“向哪里动”的问题。人类因新基因出现而衍生出“认知能力”，并与因此衍生出的“感官饥饿”形成正反馈循环之后，加上在所有动物中都存在的“脏腑饥饿”，如同启动了一台轰隆作响的、自制燃料的发动机，把人类推上了一条充满不确定性的“认知决定生存”的演化道路。那么这条道路是怎么走出来的呢？是冥冥之中有什么力量在引领吗？还是上一篇的篇后n问提到的，“组分变异、互作创新、适度者生存”的生命系统演化模式下“幸存”所得？

上一章提到一个公式：人类认知能力=形成符号的抽象能力+传播符号的语言能力+衍生新符号的工具创制能力。以符号理解为特点的“抽象能力”应该在黑猩猩甚至大猩猩中就存在了，而能够传播符号的“语言能力”的形成机制非常复杂。由于与人类关系最近的“亲戚们”都已经灭绝了，在真正搞清楚“语言能力”的形成机制之前，人类语言能力何时形成可能都将是一个不解之谜。那么“工具创制能力”从何而来？

要回答上面的问题，首先要定义什么是“工具”。这其实也不容易。一般来讲，帮助身体机能延伸的器物，无论是不是行为主体制造的，都可以被视为工具。根据这个原则，黑猩猩用树枝钓蚂蚁、乌鸦叼石子丢入瓶中提升水位都可以被称作“使用工具”。可是，人类最早的工具不是“石器”吗?

我的理解是这样的:在学会打制石器之前,人类祖先应该是像黑猩猩那样,用树枝乃至其他实体来做工具的。只是对研究者而言,没有经过修饰改变的实体,无法被证明是人类创制的工具。而且木头或者没有经过烧制的泥土制品难以保存,只有存在打制痕迹的石器才不仅保留至被考古学家发现,还能被鉴定确实存在使用者有意的加工。从这个意义上,丹麦考古学家汤姆森(C. J. Thomsen)提出“石器时代、青铜时代、铁器时代”的划分,虽然为人类认知自己的历史提供了非常有价值的参照系,但在经过包括动画片在内的各种形式的传播而形成大众的思维定势之后,却也容易让人忽略石器出现之前人类使用工具的可能性。

“工具”只能是器物吗?这要看怎么定义“身体机能”。以“脑”为中枢的、对周边实体的辨识,以及对实体之间关系的想象或“理解”,算不算“身体机能”呢?如果算,那么有没有帮助人们对周边实体进行辨识和对实体间关系展开想象的“工具”呢?

接受过现代教育的读者对上面问题的后半部分一定可以马上回答:有!望远镜和显微镜。这“两镜”的意义,我们将在后面专门讨论。在这里,我们需要接受一个现实,即“两镜”发明至今大约只有500年。在那之前,有帮助人们辨识周边实体、想象或理解实体之间关系的“工具”吗?

上一章提到,语言能力的出现,使得人类可以整合在与其近亲黑猩猩分道扬镳时就已经存在的抽象能力,实现对“三个特殊”相关要素整合媒介的“符号化”。虚拟的“符号化”可以在借感官传递的物理化学信号有效范围之外,帮助人们了解周边实体的存在,这算不算帮助“身体机能”延伸?如果算,“符号”可不可以被认为是一种帮助人们辨识周边实体的“工具”?

当周边实体的存在可以用符号表示，而且人们可以创制工具来改变周边实体并检验对实体间关系的想象时，算不算帮助人们拓展对实体间关系的想象？如果算，“符号”和借助工具改变实体而衍生出新的符号，以及人们对符号之间关系的梳理，不正是一种帮助人们想象或理解实体间关系的“工具”吗？

如果大家对上面问题的答案是肯定的，那么我们可以认为，“工具”这个概念的内涵不仅应该包括作为“认知能力”外化产物的实体器物，还应该包括同样作为“认知能力”外化产物的虚拟符号（包括符号之间的关系乃至由此而构建和重构的观念体系）。为了方便，可将前者称为实体工具或者器物工具，把后者称为虚拟工具或者观念工具。

在前文中，已经分析过实体的“器物工具”为人类生存带来的帮助（大家在生活中也会有相关体验）。那么虚拟的“观念工具”所涉及的符号，以及符号之间关系的构建，除了前文提到的，作为“认知能力”构成要素，为“人之为人”提供了一台可以自制燃料的发动机，推动人类走上“认知决定生存”的演化道路之外，还可能对人类生存产生什么其他影响呢？

之前的篇章曾经提到，真核生物存在两个主体：一个是作为生命大分子网络运行单元的单个细胞，或者由多个细胞整合而成的多细胞结构，另一个是以可共享多样化DNA序列库为核心的“细胞集合”或者“居群”。对动物而言，前者是“行为主体”，后者是“生存主体”。两个主体之间，以一个被称为“有性生殖周期”的过程为纽带，关联在一起。

如果说作为认知能力构成要素的“符号化”对人类作为一个生命系统的运行效率和稳健性所带来的影响，主要是“三个特殊”相关要素整合媒介的迭代或者叫升级（拓展时空尺度），那么，被外化从而可共享的“符号”，除了帮助居群成员之间交流对实体的辨识和对实体关系的想象或理解之外，其实还可以交流对行为方式的选择，比如令行禁止、分工协同,甚至彼此关爱(当然也难免产生具破坏效应的彼此仇恨)!

显然,居群成员之间借助语言所承载的丰富信息,在行为方式选择上发生交流,尤其在引入工具并因此出现正反馈迭代之后,相比于其他动物对既存实体的"符号化"所实现的交流,有更高的效率。从这个意义上说,这种针对行为方式选择的交流,在共享多样化DNA序列库的有性生殖周期的关联纽带之外,为居群成员之间提供了一种全新的关联纽带。

那么,"认知能力"为居群成员之间提供了有性生殖周期之外全新的关联纽带,给人类生存带来什么帮助呢?

从人类目前对各种动物行为的观察和研究来看,各种动物的生存模式基本上可以分为两大类:群居,独居。总体来说,除了一些被称为"超级有机体"的蜜蜂、蚂蚁,即个体之间主要基于发育过程调控而决定形态差异、实现分工协同的种类之外,对绝大多数群居的肉食动物而言,其取食行为或是蜂拥而上但各自为战,或是有一些分工协同但效率比较低。对人类而言,有证据表明,人类可以在有组织的情况下,用不同的工具去捕猎庞大的猛犸象(图17),直至将其赶尽杀绝!一个合理

图17 古人类捕杀猛犸象想象图

的推论是，借助信息量丰富的“符号”语言来实现的行为方式选择上的交流，在高效捕猎行为中发挥了不可替代的作用！

我没有亲身观察过动物的捕猎，但从各种有关野生动物的纪录片中看到，肉食动物捕猎的基本模式是“弱肉强食”，即掠食者捕到的猎物常常是老弱病残。这种看似“无情”的现实，其实是地球生物圈食物网络不同节点在互动中演化的不可或缺的动力*。正是这种机制的存在，维持了食物网络的良性循环。

图18　酋长用猛兽实物作为自己的装饰

可是，从对今天依然生活在采猎模式中的人类居群的观察发现，这些居群中的酋长通常会用强壮猎物的头颅、皮毛、羽毛作为自己的装饰（图18）。这种现象一般被解释为证明酋长的强壮。如果说其他动物捕猎都在老弱病残猎物身上取得成功，而一个居群中常常是“强者为王”，那么人类采猎居群的酋长用强壮动物的标志作为自己的装饰，除了证明自己的强壮之外，还透露了什么重要的信息吗？

我猜，酋长的标志透露了一个重要的信息，那就是这些居群的捕猎是以捕捉到强壮的动物为荣！为什么人类会选择强壮的（通常可能是头领）动物为对象来进行捕猎呢？如果知道“擒贼擒王”“群龙无首”“树倒猢狲散”这些成语的含义，就可以想象，一旦捕捉到头领（通常是强壮

---

* 参见《要素偏好与路径依赖》，以及红皇后假说（red queen hypothesis）：一种演化理论，认为捕食者和猎物都需要在互动过程中不断改变自身才能维持各自的生存。也有人将其比喻为相关物种之间的“军备竞赛”。

者),那么猎物的居群就会出现混乱,捕猎者可以浑水摸鱼,实现更高的捕猎效率。

人类怎么做到从其他动物的“弱肉强食”模式转而形成“擒贼擒王”模式呢?除了工具之外,不可或缺的应该是前面提到的,借助信息量丰富的“符号”语言来实现的行为方式选择上的交流,以及在此基础上形成的更大规模和更高效率的分工协同。如果这个猜测是成立的,那么可以认为,酋长的标志,不只是酋长个体强壮的证明,更重要的是人类捕猎模式转型的证明!

捕猎模式的转型对人类“三个特殊”相关要素整合效率而言显然是一种正效应。但对猎物而言呢?“弱肉强食”是一种维持地球生物圈食物网络良性循环的机制。人类因认知能力出现而衍生的“擒贼擒王”捕猎模式对猎物的影响,首先是猎物种群崩溃——从群龙无首到树倒猢狲散。种群崩溃之后再重建,就目前人们所知是非常困难的。最终的结果常常是种群灭绝。现在有很多考古证据表明,人类走出非洲之后,所到之处无不发生大型动物的灭绝。与人类迁徙相伴的大型动物灭绝的具体过程显然很难复原。但我相信,人类捕猎模式的转型*至少发挥了推波助澜的作用!

捕猎模式的转型对猎物而言是噩耗,那么对人类而言就只是好消息吗?很不幸,不是!猎物灭绝了,人类的食物从哪里来?我特别喜欢从汤因比(Arnold Joseph Toynbee)的《历史研究》(*A Study of History*)一书中读到的一句话:nothing fails like success。意思和“福兮?祸兮?”一样,但表述更加触目惊心!猎物灭绝对人类的影响就是,只有那些有幸从吃肉转为吃草的人类居群才得以苟活,但代价是不得不忍受面朝黄土背朝天、终年辛勤的农耕劳作!

---

* 也有人认为,人类进入农耕是地球气候变化的结果。可是,受气候变化影响的不只是人类,为什么只是人类而不是其他物种进入农耕呢?

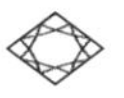

因祸得福与喜忧参半——从“取食”到“增值”

前几章提出过一种假设，即人类新基因的出现衍生出语言能力，语言能力使得个体对周边实体辨识和对实体之间关系想象符号化，并外化成为居群共享的信息资源。这种外化的“符号化”能力加上外化的人类创制工具的能力，形成了具有正反馈特征的、人类特有的“认知能力”。这种能力不仅表现为“器物工具”作为实体的媒介，提高了“三个特殊”运行中“相关要素”的整合效率，增强了运行的稳健性，还表现为“观念工具”作为虚拟的媒介，使居群成员之间得以交流各自在行为方式上的选择（所形成的共识最终表现为“文化”，即习俗、观念、制度），从而为人类与生俱来的两个主体（即行为主体和生存主体）提供了一种全新的关联纽带。

在实体和虚拟两种工具的相互作用下，人类认知能力在捕猎过程中初试锋芒，引发了捕猎模式的改变。不仅在人类所到之处带来了各种大型动物的灭绝，而且将人类自身逼入只有“吃草”，即依靠周边植物种子落粒性基因发生变异、面朝黄土背朝天地侍弄植物（农耕），才得以苟活的境地。

其实，大家没有必要为我们人类祖先的困境担忧。人类能够在地球上存活至今，并成为地球生物圈中的一个主导物种，说明人类的祖先最终在他们的祖先因认知能力造成的困境中走了出来。将工业文明出现之前地球上生活在农耕社会和生活在采猎社会的人类的生存状态做比较，一个不争的事实是，前者占据绝对优势。如果说进入农耕是人类认知能力运用于捕猎过程而引发的捕猎模式从“弱肉强食”改变为“擒贼擒王”、造成猎物灭绝而不得不面对的结果，那么为什么人类反而因祸得福，获得了一种更有利的生存方式呢？

有关农耕和采猎孰优孰劣的问题，人类学家和历史学家有大量的研究。我作为植物研究者，没有资格置喙这类问题。但我在前文中提到的一个困惑，似乎与这个问题有一点关系：在读本科时，我曾为育种学家千辛万苦选育出来的品种为什么会在使用过程中“退化”而感到困惑。后来我意识到，育种学家所选育的“性状”（如高产优质）是以人的需求为对象的。可是，植物生长过程中各个部分比例关系是在其与周边“相关要素”的整合过程中，在对自身而言“适度”的原则下迭代的结果。

我记得上作物栽培课时，老师一直强调“良种”要有“良法”。“良种”是育种学家关心的事情，“良法”则是栽培家关心的事情。但几十年之后我发现，从“整合子生命观”的视角再看当年老师所说的“良法”，不就是通过人为干预，为植物生长提供其在野生状态下不具备的“相关要素”，从而迫使植物突破自身演化过程中形成的“适度”范围，形成人类所需要的“性状”吗？

如果我对“良法”的解读是成立的，那么或许农耕最终优于采猎这个结果背后，蕴含有不同于传统解读的更加深层次的道理。

前面提到，“认知能力”的出现驱动人类在捕猎模式上，出现了从与其他动物相同的“弱肉强食”转变成为独一份的“擒贼擒王”。“擒贼擒王”的捕猎模式虽然高效，但本质上仍然与其他动物一样，获取生存资源依赖于猎物或者取食对象的自我更新能力（“三个特殊”运行所需的“相关要素”），或者说人类仍然作为食物网络中的一个节点，受到网络周边其他节点消长的制约。这就是为什么"擒贼擒王"造成猎物种群崩溃之后，人类不得不从"吃肉"改为"吃草"。

转入农耕之后，情况在不知不觉中出现变化：最初，人们只是因为植物落粒性基因突变而得以集中采收植物种子作为食物*。可是，当人们发现原本采集来作为食物的种子，居然还可以发芽而形成新的植株并成为采集对象之后，种子的属性在原本只是作为"食物"之外，被人类赋予了作为产生更多种子的源头的内涵。《说文解字》中"种"（種）字的解释是"先穜後孰也。从禾重聲"。种子的英文单词seed的词源与sow，即"播种"同源。在中、英两种语言中，"种子"这个"符号"都被赋予了双重含义。

我小时候就知道"一籽落地，万粒归仓"。后来好友张大明告诉我，此话衍生自唐朝李绅的《悯农》一诗"春种一粒粟，秋收万颗子"。种子从被采集的"食物"，变成产生食物的源头。而这恰恰意味着，人类获取生存资源的方式出现了根本的转变——从原来和其他动物一样，依赖于猎物和其他取食对象（如猴子吃的香蕉、黑猩猩吃的无花果和钓的蚂蚁）的自我更新，转而依赖于对从"一籽落地"到"万粒归仓"（注意，这里不是全部的种子）的植物更新过程的干预（同理适用于其他驯化动植物）。采集野生植物的种子作为食物，这种获取生存资源的方式本质上只是和其他动物一样的"取食"，而通过播种（sow），从人工培育植物（类似过程也适用于驯化动物）生长过程中的"增殖"部分获取生存资源的方式，我将其称为"增值"。

对"取食"这种获取生存资源的方式而言，"食"的量取决于采集对

---

* 植物在野生状态下种子的成熟是不同步的，这是植物在与不可预测的环境因子变化互动过程中演化出来的特点。但这种特点使得采集者很难一次收获大量的种子。

象的自我更新状态。而对"增值"这种获取生存资源的方式而言,"食"的量除了取决于培育对象自身的更新能力之外,还取决于培育者对培育对象更新能力的观察和理解,以及对更新过程的干预。

在这个过程中,培育者和培养对象之间整合成了一个全新的、具有自我迭代特点的整合子——培育者从对培育对象生长过程的干预中获取更多的生存资源,而培育对象也把培育者的干预(或者侍弄)作为不同于其野生近亲的"相关要素",从而成为新的动植物类型。

将上述"增值"过程的构成要素做进一步分析,我们会发现,"增值"至少包含三个要素:增值的对象,增值的方式,增值的过程。显然,这三个要素都依赖于人的认知。从人类农耕发展史可以看出,整个农耕历史就是上述三个要素之间在"认知能力"参与下具有正反馈相互作用属性的迭代过程。

在上述过程中,"外化"的"认知能力"辨识与想象的对象显然超越了器物工具的层面,进一步把器物工具的作用对象,即培育对象,也整合到整合子的运行过程中,成为"相关要素"的全新类型。全新"相关要素"类型的加入,不仅拓展了人类自身"三个特殊"运行的时空尺度,还进一步提升了"三个特殊"运行的效率和稳健性。其结果类似于形成了一个更大的"居维叶漩涡"(彩图12)!

从"人"作为一个生命系统的视角来看,原来因不得不"吃草"而衍生出来的生存资源获取方式从"取食"到"增值"的转型,居然为人类的"认知能力"提供了一片全新的用武之地。这不仅让人类因祸得福地发展出一种全新的生存资源获取模式来维持自身的生存,还因为这种生存模式在认知能力驱动下的正反馈属性,使得人类能够借助干预而逐步掌控生存资源的生产,并因此开始减少甚至在一定程度上摆脱对原本"取食"对象自我更新能力的依赖。摆脱对"取食对象"原有自我更新能力的依赖,意味着人类开始有机会突破地球生物圈其他动物种群发展不得不服从的"三组分系统"中的"食物网络制约"。这种突破对人类而言,是走出动物世界,在生存模式上与其他动物分道扬镳的演化道路上迈出的具有里程碑意义的一大步。

前文曾提到动物居群即生存主体得以维持的机制是"三组分系统",即秩序(个体行为模式或规范)、权力(维持秩序的力量)和食物网络制约(界定秩序和制约权力的要素)三个组分之间形成的具有正反馈属性的相互制约。同时,人类认知能力应用于捕猎过程的"初试锋芒"就改变了动物世界演化千百万年所形成的"弱肉强食"的捕猎模式,不仅人类所到之处无不带来大型动物的灭绝,也让人类自身陷入"吃草"的困境。那么,因农耕而出现的"增值"的生存资源获取模式打破"食物网络制约",使人类在生存模式上与其他动物分道扬镳,这除了帮助人类化解捕猎模式转型所带来的困境这种"正效应"之外,会不会产生什么始料不及的副作用?

增值、适度与茧房效应——从“刺激响应”到“谋而后动”

读到这里，大家可能会有这样一个印象，即人类历史上出现的演化创新没有一项是被设计的，都是不同来源的内外变异在机缘巧合中整合，并因“适度”而被保留的结果。比如，语言能力出现所需要的基因变异，并非专为语言能力的形成而准备的；使用工具的能力和语言能力都不是专为改变捕猎模式而生的，反而是人类在捕猎过程中对这些可用能力的不同组合的尝试中，恰好出现了“擒贼擒王”的结果。植物落粒性基因的变异更不可能是为了拯救不得不“吃草”的人类而准备的，只不过是人类在不得不陷入“吃草”的困境之后，才发现和利用了这种变异。而恰好因为利用了这种变异的人群活了下来，从而有了我们，并可以去反观我们祖先的演化历程。

戴蒙德的《枪炮、病菌与钢铁》中提到世界上有九大作物起源地，可世界这么大，为什么只有在这9个地区出现了人类对植物的驯化？在戴蒙德的另一部作品《昨日之前的世界》(*The World Until Yesterday*)中，他介绍了自己在新几内亚跟当地人交朋友的过程，发现当地人能辨识的植物种类之多超出他的想象。在我的知识范围中，世界上有30多万种被子植物(都能产生种子)，有记录、被人类作为作物而栽培的有600多种，可是目前作为主要粮食作物的只有5种(小麦、水稻、玉米、大豆，以及利用块茎而不是种子的马铃薯)！为什么人类对植物的利用会越来越集中到少数物种上呢？

研究人类学或者农业历史的人会对这类问题给出权威的解释。在我看来，其实完全可以从《要素偏好与路径依赖》一章中所讨论的观点出发，给出一个尽管可能过于简单，却不无道理的回答。

那章提到，通常大家所说的生物"个体"只是一个感官经验层面上使用方便的概念。"个体"的真正内涵，不仅包括可被辨识的器官、组织、细胞，还包括周边存在但无法被感官分辨的那些参与"三个特殊"运行过程的各种自由态组分（或称相关要素）。从这个视角看，人类进入农耕之后，人类作为植物的培育者，与培育对象之间形成了一种全新的整合子。对人类而言，与培育对象的相互作用关系实质性地拓展了"三个特殊"运行所整合的"相关要素"类型和媒介类型。

这时，就出现了新的问题：以哪些植物种类作为培育对象可以得到更高的整合子运行效率？在对培育对象生长过程的人为干预出现改进的结果之后，是否会在改进基础上进一步改进？如果人们选择可以得到更高整合效率的物种作为培育对象，而且选择在改进基础上继续改进的话，这不就是前文提到的"弱水三千，只取一瓢饮"的"路径依赖"吗？这不就解释了为什么在那么多种被子植物中，最终只有5种成为主要的粮食作物了吗？

《脱实向虚与人之为人Ⅱ》一章提到，人类因为创制工具的能力而使"三个特殊"相关要素整合媒介的符号化获得了正反馈属性，即"符号"可以伴随人类行为所衍生的媒介的复杂化而越来越复杂。但上述"路径依赖"现象向我们揭示，人类进入农耕之后，媒介复杂化的程度并不是无限的，而是受到人类与培育对象之间相互作用效率和改进机制的制约。制约的原理，说来其实也简单，无非就是"适度者生存"。而所谓"适度"，无非就是在"增值"这种生存模式下，增值的对象、方式和过程的整合最终能实现为居群提供足够的生存资源。少了，居群无法维持;多了,用不完也是浪费——其实在当时的情况下,富余的机会并不多。

如果在演化过程中能够“自发”形成保障居群生存所需的生存资源的“增值”方式,那么这种方式的构成要素原则上都是可以在人类控制范围之内的。由于人类认知能力中的“符号化”的含义,就是对生存空间中所有相关实体都赋予约定俗成的符号,所以当保障居群生存所需资源的产生过程中相关要素乃至整合方式(包括媒介)都在人类控制范围之内时,表征相关要素及其整合方式的符号也就变得相对稳定了。或者反过来说,当表征相关要素及其整合方式的符号系统变得相对稳定时,意味着由这些符号所表征的相关要素的整合过程可以满足居群的生存需求。

认知能力构成要素中符号化的基本功能,是拓展“三个特殊”相关要素整合的时空尺度。符号系统变得相对稳定,意味着该符号系统所构建的认知空间(虚拟的、人们借助语言交流共享个体信息处理结果的空间)也变得相对稳定。在这个空间中,人们可以用约定俗成的符号来了解相应的实体、交流行为的方式甚至实现分工协同,即以符号系统为媒介来实现“三个特殊”相关要素的整合。如此一来,原本对居群中不同成员“开放”(可信息共享)的认知空间,在居群的层面上却形成了一个从“相关要素”整合媒介意义上自给自足的封闭的存在——在这个“封闭的”存在中,人们只要了解认知空间中的既存信息、模仿特定的行为方式,就可以顺利地实现“三个特殊”相关要素的整合,也就是可以“活下来”。

这种“自给自足”的封闭状态该怎么描述才能更加容易理解呢?我想到大家在小时候可能都听过《孙悟空三打白骨精》的故事。故事中,孙悟空为了保护师父和师弟,出去化缘时用金箍棒在他们待的地方划了一个“圆圈”。这个圈是无形的。唐僧、八戒和沙僧虽看不见却可以自由进出，白骨精则既看不见也进不去。我们可以把认知空间比作孙悟空划的这个圆圈：大家都“看不到”它的存在，而且身处圆圈内的人可以出去，只是大家通常不出去；至于圆圈外的力量，通常也不会对圈内的生活带来实质性的扰动。

有熟悉媒体研究的朋友可能会说了，把“认知空间”比作孙悟空用金箍棒划的圆圈，不就是说认知空间为人类生存构建了一个“茧房”吗？的确，“茧房效应”*的比喻或许更准确——从逻辑上讲，人类作为一个生命系统，其运行核心的“三个特殊”运行所需的“相关要素”和整合媒介（包括工具）都在人类赋予符号的标识之下和掌控之中，人们只要好好利用先辈的经验，就足以在以农耕作为起点的“增值”生存模式中安安稳稳地繁衍生息。毕竟，如《增广贤文》所言：良田万顷，日食一升；大厦千间，夜眠八尺。作为一种物质存在形式，人类生存对物化资源的需求是有限的。

大概正是这种有限性，或者说生命系统运行的“适度者生存”原理，决定了“阳光底下无新事”。既然前辈的生活经验可以借虚拟的认知空间而被后代共享，祖先是基于他们的生活经验而活了下来并有了后代，那么后代理所应当地可以借祖先的生活经验而继续活下去。但这种童话般的叙事略去了一个不应也不能被略去的现实，那就是面对可共享的经验，或者认知空间，每个人的经历不同，在经验中所选择的内容就可能会有不同。可共享的总体性经验被不同社会成员做个性化的选择，这种总体和个体之间的不对称性以及不同人的不同需求（详见下一章）衍生出了人类在行为方式上的一个影响非常深远的改变，即从其他

* 茧房效应：指人们在信息领域会习惯性地被兴趣引导，从而将生活桎梏于像蚕茧一般的“茧房”中的现象。推而广之，人类生存对经验的依赖本质上就是一种“茧房效应”。

所有动物对周边实体变化的“刺激响应”的模式，转变为“谋而后动”模式——在对周边实体（很多都是在认知空间内被符号标注的实体）的了解，以及对改变这些实体可能产生的效果加以评估、权衡和选择之后，再采取行动的模式！

按说，“谋而后动”模式相比于其他动物的“刺激响应”模式，为人类行为的有效性乃至发展认知能力本身都提供了更大的可能性。甚至因此加速了人类社会的演化过程。但和我们之前讨论过的，生命系统演化中各种创新事件在出现正效应的同时难避副作用的情况一样，“谋而后动”的行为模式在生命系统演化过程中存在“路径依赖性”的机制作用下，不可避免地会衍生出“选择性记忆”。这本来是“正反馈”迭代的基础，但当这种效应和认知空间的“茧房效应”结合在一起时，就不可避免地会对尚未发生但可能发生的事件衍生出向有利于己的方向发生发展的预期。

虽然从居群的层面上，所有“相关要素”和整合媒介都在人类赋予符号的标识之下和掌控之中，但对单个的行为主体而言，个体对这些信息的了解永远是有限的，而且“三个特殊”相关要素的分布和整合都是高度随机的。因此，个体对尚未发生的事件作出准确的预期其实是非常困难的。尽管如此，在搞不清楚人类作为多细胞真核生物其实有两个主体性，搞不清楚虚拟的认知空间和实体的生存空间其实是两个空间的时候，对尚未发生事件的预期就成为人类社会至今挥之不去的执念。

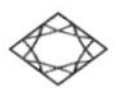

欲望、马尔萨斯陷阱与“文明”

前文依次介绍了人脑和其他动物脑的区别、人类语言的产生、认知能力、感官饥饿和人类行为的两个驱动力。在此基础上，介绍了认知能力除了表现为器物工具之外，还表现为观念工具，而后者为人类的行为主体（个体）和生存主体（居群）之间增加了一条全新的关联纽带。外化的认知能力的两种表现形式（两种工具）相互作用所引发的第一个影响人类演化方向的转型，就是捕猎模式从其他动物共有的“弱肉强食”转变为“擒贼擒王”。这种转型在提高捕猎效果的同时，也陷自身于无猎可捕的困境。

在这种困境中幸存下来的“吃草”的居群在认知能力的帮助下，衍生出第二个影响人类演化方向的转型，即生存模式从其他动物共有的“取食”（采猎）转型为“增值”，从而逐渐掌握生存资源获取的主动权。在这个过程中，人类认知能力的发展在为居群成员提供了自给自足的生存空间的同时，也引发了第三个而且一直到现在都对人类生存产生深刻影响的转型：行为模式转型——从其他动物共有的“刺激响应”转型成为“谋而后动”。

我最初接触到“穷则思变”这个词是在50多年前，那时给我留下的印象是，“穷”指“贫困”。后来才知道，“穷”字的本义是“极”而非“贫”。“穷则思变”化用自《周易·系辞下》的“易穷则变”，意思是：事物到了尽头就会发生变化。从生命系统演化创新的角度讲,《周易》中讲的"穷",其实只是被后人看到的演化创新所必须具备的三个条件即"可能性、必要性、优越性"中的"必要性",即如果不变,系统可能就崩溃而无法被后人所看到。上面提到的人类认知能力的形成以及由此引发的三次转型,有的是"穷则思变"的结果,如生存模式从"取食"转为"增值";有的却并不是原系统无法维系而诱发,而是因为恰好有一些新的组分出现(可能性),于是出现新的相互作用,而这些新的相互作用因其"优越性"而被保留下来,如语言的产生、认知能力创新、捕猎模式转型、行为模式转型。

上一章的最后还提到,人类进入农耕社会之后,行为模式从其他动物共有的"刺激响应"转变为"谋而后动",使得认知能力在人类生存活动中的作用越来越大。在这种行为模式下,对过去经验的选择性记忆与认知空间对人类行为所产生的"茧房效应"相结合,不可避免地驱动人们对尚未发生的事件加以预期。一方面,这是"谋而后动"行为模式的正效应,另一方面,"预期"也可能产生副作用——预期都是以虚拟的"符号化"的形式在运行的,因此逻辑上可以有无限的可能性;可是,一旦付诸行动,就只有一种现实性。

从可能性到现实性之间存在很多不确定性。"现实"的常常未必是人们所希望的。可能性与现实性之间的不确定性,决定了"谋而后动"这种行为模式看上去是一个基于经验的理性过程,但本质上还是一个"试错"过程。由于任何事物和行为的利弊只有在其发生之后才可能被评价,就决定了"试错"只能建立在已经存在事件(而且常常是成功事件)的基础上,从而不可避免地具有"路径依赖"的特点。而"路径依赖"的特点决定了很多在"路径"之外的"预期"或者"可能性"将永远无法付诸实施。可是,这些预期作为可能性会因为其作为一种虚拟存在而可以一直保留在认知空间之中,难以消失。其结果就是,衍生出具象的、满足有限“需要”的现实性，与虚拟的、以无限的“想要”为代表的可能性之间的矛盾。

人类不同的文化群体有一个共同的特点，就是对“贪婪”和“欲望”的批判或者否定。其实，《说文解字》中“贪”的本义是“欲物也”，不过是以“物”为对象的“想要”，是“谋而后动”的行为模式的表现而已，何罪之有？没有“想要”，没有“预期”，哪里有创制的行为？我猜，后世之所以对“贪”字赋予了负面的含义，并不是因为该字所描述的“欲物”，而是无视“需要”的有限性而追逐无限“想要”的变现。

如果接受人类行为中存在“需要”和“想要”之间的矛盾，那么可以发现，前文提到的人类可以在认知空间的“茧房”中，借助祖先的经验安安稳稳地繁衍生息的童话其实只能是童话！在一个居群之内，至少存在两个可能引发个体之间冲突的差异。第一，每个人的成长经历不同，信息占有量不同，“想要”的也不同。更加麻烦的是，无视“需要”的有限性而追逐无限“想要”变现的预期也不同。在“谋而后动”的行为模式下，上述这些不同不可避免会引发不同人在行为方式选择上出现不同，并最终衍生出“三个特殊”相关要素整合过程中对媒介的利用程度不同、整合效率不同，以及个体作为子系统运行稳健性的不同。

第二，由于“认知空间”中信息的共享性，同一居群个体之间可以了解到彼此的生存资源的获取方式与结果，从而对各自在“得到”上的差异产生不满。尽管从人类作为一个生命系统的角度，个体之间维持生存的“需要”并没有什么不同，但由于生存模式从“取食”转为“增值”，行为模式从“刺激响应”转为“谋而后动”，分工协同的发展使得不同岗位上资源配置不同以及衍生出的生存资源获取量不同，所以人们难免由“得到”上的差异衍生出对生存资源获取“过程”和资源分配“依据”的差异产生质疑。这大概是人类“平等”意识乃至是非观的一个由来？

如果生存资源是无限的，上面的不同或不满并不会对居群不同成员的生存状态产生大的负面影响——毕竟每个人作为DNA多样性载体,原本其基因构成就不同,与这些不同相关的"需要"也就不同。问题在于,在农耕社会,由于生存资源来自人类驯化动植物的增值部分,而驯化动植物的规模及其增值程度都是有限的,因此在特定的时空尺度内,生存资源的量总是有限的。除了居群中有人追逐无限"想要"的变现会超出居群所能获得的生存资源的范围,人类作为多细胞真核生物生存不可或缺的纽带——有性生殖周期的存在,还会驱动两性交配、繁衍后代;同时,生存条件的改善还帮助人类长寿。这后两种变化都会衍生出更多的生存资源需求。用1798年马尔萨斯(Thomas Robert Malthus)在其《人口论》(*An Essay on the Principle of Population*)一书中提出的说法,就是生存资源的增长是按照算术级数,而人口增长是按照几何级数,后者增长速度快于前者。他的论断从另一个角度表明,前文所描述的人类在"茧房"中安安稳稳繁衍生息的童话在现实之中是不可能存在的。

那么,人类是如何在农耕社会生存下来的呢?回溯历史我们可以发现,除了居群内"秩序"和"权力"之间的博弈之外(动物世界维持居群良性循环的"三组分系统"中的"食物网络制约"在人类社会被突破而失灵),生存下来的居群只有另外一个出路:为获得更多"增值"空间而迁徙!

在人类开始驯化植物的时代,人口的规模都是很小的。目前有考古证据的作物起源地,都是在所谓的"侧翼丘陵"(hilly flanks)区域。比如小麦在高加索山脉南侧,小米在黄土高原的边缘。从我们现在对世界地理的了解,这些作物起源地周边还有广袤的土地。因此,尽管驯化动植物的增值程度是有限的,但如果扩大植物种植面积,不就可以提高生存资源的供给量从而养活更多的人口吗(游牧民族对草原的占有欲背后也是同样的道理)?

上面的推测在历史上曾经发生过吗？我从《枪炮、病菌与钢铁》中第一次了解到，13000年前已经出现了最早的农耕。可是，目前所知的大规模人口聚居在几千年之后才出现。同时，根据该书所言，作物起源地与我们所知的大河流域的“文明古国”的位置存在空间上的差异。作物起源地和大规模人口聚居地之间的时空差距让我相信，在历史上很可能的确出现过人们为获得更多更适宜的耕地而迁徙的情况。

可是适于耕作的土地是固定的，而希望在这块土地上耕作的居群是多样的。当有一个以上的居群都希望占用同一块土地时，谁有资格占用它呢？人类为耕地而迁徙的生存之路是解决生存资源不足的正效应，但不可避免地伴随着居群之间冲突这个副作用。

农耕早期祖先们生活的具体状况现在已无从了解。但就现代社会的情况而言，地球上不同地区分布的人群有各自的语言和文化(行为方式)。按照本书前文所解释的，语言的功能之一是帮助人们对行为方式加以选择，并因此成为居群成员之间的关联纽带。不同的语言显然就成为不同居群之间的区分边界。不同居群之间为争夺领地大打出手就是在现代世界也司空见惯。不同居群之间的冲突最终无非三种结果：第一，势均力敌，从而划界而治；第二，同归于尽；第三，成王败寇，失败者被作为“工具”而整合——既然人类可以把其他动植物作为驯化对象而整合，当然也可以把其他居群的人类作为“他者”而整合。但是和其他生物类型的驯化不同，人类被整合居群的成员与整合者之间没有生殖隔离，而且有同样的生物学属性，他们最终可以因各种机缘而被整合为胜者居群的成员。

从人类历史记录来看，人类存活至今，显然不同居群的冲突尚未导致人类同归于尽；现存各居群成员基因之间存在混杂，则说明历史上没有绝对的“划界而治”。下面的问题是，在没有文字记载的远古农耕社会，势均力敌的两个居群是如何解决纷争，实现交流共存；成王败寇的居群间"他者化"尽管是不平等的另一个来源,然而后续的同化过程究竟是如何发生的呢?

前文提到,动物居群秩序维持机制是"三组分系统"的三个组分之间形成具有正反馈属性的相互制约。人类因认知能力的发展而进入农耕,并因此衍生出"增值"这种生存模式,这虽然从原理上打破了"食物网络制约",但"秩序"——个体行为模式或规范,以及"权力"——维持"秩序"的力量,都还在,而且不能不在。语言以及相关行为方式不同的两个居群以及居群成员之间的互动的"交流共存"或者"同化"过程,其实就是双方就各自的"秩序"和"权力"运行方式进行对话,看能不能找到共存或者认同的方式的过程。对话的内容可能是什么呢?

之前谈到的居群内生存的基本要素,无非是增值对象、增值方法和增值过程,此外再加上所有群居动物中都存在的生存资源在居群成员间的分配。如果说在居群内同一生存方式下,不同成员之间的矛盾主要来自"需要"和"想要"之间的差异,在居群间,则增加了一个不同居群各自既存生存方式之间的比较——毕竟不同居群在相遇之前,都曾经成功地生存了下来(无法成功生存的居群不可能相遇),以及有各自对"他者"的定义。如果这个分析是成立的,那么很显然,要共存或者"同化",双方所要谈的无非是各自的行为方式的优劣与取舍(尽管冲突的失败方常常没有什么话语权)。可是,既然各自的生存方式都曾经很成功,那么大家就会进一步讨论各自生存方式中"秩序"和"权力"背后的是非标准以及这些标准的依据。

目前其实没有任何证据检验上面的假设。但从有记载的人类历史来看,不同地区的人类居群的确各有其行为规范的是非标准及其终极依据。不同居群的人们相遇而发生冲突时,除了沿袭动物世界的规则,以暴力决定成王败寇之外,相信我们的祖先很可能会动用一直帮助自己在机缘巧合中生存下来的认知能力,尝试通过对话解决问题。一旦不同居群的人们开始就各自的“行为规范的是非标准的终极依据”开展讨论，并最终在不同区域内形成各自的共识，这不就是所谓“轴心时代”吗？如果“文明”的内涵被定义为以“行为规范的是非标准的终极依据”为核心，并被人们用来界定秩序和制约权力的观念体系，“轴心时代”的到来不正意味着人类社会开启了“文明时代”的大幕吗？

篇后 *n* 问

人像动物还是动物像人

1. 人像动物还是动物像人?

我年轻的时候经常看到周围人吵架。吵到不可开交时,除了骂对方的祖宗十八代之外,好像最高的诅咒就是骂对方是畜生,不是人。另外,文学作品中也常把周围的万事万物都做拟人化的表述。现在回想起来,这两种现象其实都是人类中心思维定势的反映。那么"人"和"畜生"的边界究竟在哪里,这种边界是怎么形成的呢?

从"整合子生命观"的角度看,作为一种依赖共享DNA多样性应对周边要素不可预知变化而生存的多细胞真核生物,如果没有个体的主体性,没有个体对同类的辨识及居群秩序(还记得第四篇篇后 *n* 问中提到的动物居群组织的"三组分系统"吗),人类不可能生存至今。同时,人类毕竟是从与黑猩猩之类灵长类动物有共同祖先的动物演化而来的一种生物,人类感官的分辨力只是以维持人类取食、求偶、逃避捕食者为度。因此,在认知能力出现后,衍生出的对超越取食、求偶、逃避捕食者需求之外的实体辨识及对实体间关系的想象,最初不仅只有自身作为唯一的参照系,而且也只能以自身为起点。因此,"人类中心"观念的出现在所难免。可是过去几百年人类对生命系统的探索过程中所积累的信息,早已在感官经验之外为了解人类与其他生物的异同提供了

"置身事外"的视角。在这种情况下,有什么理由不在更丰富的信息的基础上改变或者重构曾经的观念呢?

2. 为什么要把"工具创制能力"作为"认知能力"的构成要素?

在我读过的传统心理学著作和文章中,当人们谈到认知能力,对象基本上都是语言(各种形式)及其所表达的符号之间的关系。但在此书中,我将"认知能力"定义为抽象能力+语言能力+工具创制能力。把工具创制能力作为认知能力的一个构成要素,主要是考虑到可以更好地回答符号的来源及其迭代机制的问题。当然,这种观点的合理性有待方家指教。

3. 基因对于"人之为人"有多重要?

就我所知,对于"人之为人"的提问一般是希望解释人类是怎么来的。从现代生物学研究的结果来看,人类区别于其他生物,首先在于人类和其他生物之间存在生殖隔离。从本书前面的篇章所讨论的内容来看,所谓"生殖隔离",主要指具有多样性的DNA序列库在同一物种的个体之间可以共享但在不同物种的个体之间不能共享的现象。从这个意义上看,人类特有的基因序列是"人之为人"的必要条件。

可是,如果说DNA不过是类似乐高积木零配件高效生产线的图纸的话,这些零配件被生产出来后如何搭成模型,本身就是一个迄今仍然有待研究的问题。于是"人之为人"问题的答案显然不止于"生殖隔离"。更有甚者,如果说人类走的是一条"认知决定生存"的演化道路,以符号为外化载体的认知显然并没有被写入DNA序列之中,认知对"人之为人"的影响更不是"生殖隔离"可以解释的。从这个意义上看,人类演化虽然仍然表现出"组分变异、互作创新、适度者生存"的基本模式，但这里"变异"和"互作"（相互作用）的主体，就不只是DNA序列以及生命大分子网络中的要素及其相互作用模式，更重要的还有作为认知能力核心的符号及其关联模式。可能对信奉决定论的人而言，他们会期待发现一个可以从DNA序列推理出符号之间关系发生与迭代的公式。可是，从"整合子生命观"的视角看，对生命系统这个自发过程的出现及其迭代而言，期待这类公式的出现从逻辑上就与演化的基本模式不兼容。

如果把本篇所介绍的内容做一个概括，我们可以提出这样一种表述，即人类演化123：一个创新——认知能力；两种形式——认知能力外化的器物或实体工具形式，观念或虚拟工具形式；三次转型——捕猎模式从弱肉强食转为擒贼擒王，生存模式从取食转为增值，行为模式从刺激响应转为谋而后动。在这个过程中，人类走出了"动物世界"。在"人类演化123"中，除了认知能力这个"1"的形成由基因决定之外，"2"和"3"似乎都是认知能力这个自带燃料的发动机驱动的自发过程的结果。大家想想是不是这样。

4. "人性"究竟是"善"还是"恶"？

这是古今中外思想家们争论不休的一个问题。对于这个问题，"整合子生命观"能提供什么不同的视角吗？

本书对人们谈到生物时常常会用它们"要"怎样的表述提出了反驳。我认为，从生命系统的形成开始，各种迭代创新都是自发的，都是不确定、不完美、不得不的。按照这个逻辑来看人类的行为，不得不的取食、求偶、逃避捕食者，原本无所谓"善恶"。只是当人类在生存模式转型为"增值"的基础上，行为模式出现了"谋而后动"，个体的行为有选择之后，才出现了"谋"什么、怎么做的问题，出现了特定居群行为规范下，个体选择与公众期待之间的匹配度的问题，并最终出现了"善"与

"恶"的问题。这显然与不知所云的"人性"无关。

我曾经基于"增值"这种人类生存模式提出,所谓"善",是通过为所占有的资源增值而获得自身所需的生存资源的行为;所谓"恶",则是通过以不同形式掠夺他人所占有的资源作为自己的生存资源,却不为社会既存生存资源增值的行为。显然,这是基于行为结果的一种评判。可是在行为发生之前,怎么知道"善""恶",行为主体该如何作出选择呢?古今中外都会说"凭良心办事"。那么什么是"良心"呢?各种词典上有很多很复杂的解释。我曾经给过一个非常简单的解释:对自相矛盾言行的高敏感性和低忍耐度。这又回到"认知"的问题,还是"认知决定生存"。

5. 人工智能对人类生存会产生什么样的影响?

人工智能是近年媒体上绕不过去的一个话题。由于有幸在博古睿研究院中国中心的平台上结识一些国内人工智能的顶尖学者,在与他们的互动中,我曾对这个问题做过一点肤浅的思考。

就我目前的理解来看,要探索人工智能会对人类产生什么样的影响,首先要回答"智能"对人类生存具有什么样的影响。在前文中,我们提出"认知能力"本质上是人类作为生命系统"三个特殊"运行过程中相关要素整合的符号化的虚拟媒介。虽然它以器物或实体工具、观念或虚拟工具这两种形式表现出来,但本质上它是以符号为核心而存在和迭代的。神经系统是符号的处理中心。从这个意义上,计算机及其算法被认为是另外一种在很多方面比神经系统信号效率更高的符号处理系统。

问题是,认知能力的出现尽管驱动人类走上了一条不同于其他生物的演化道路,但其终极功能只是一种"三个特殊"相关要素整合的媒介。人类作为生命系统存在的主体还是以"三个特殊"为连接的生命大分子网络。按照克拉克为代表的“具身心智”的认知理论,“身”之不存,“心”之焉附?我曾提出一个表述,即人类和其他动物在“三个特殊”相关要素整合过程上的区别是以“入口”为界——之后与其他动物没有什么实质性差异,之前则有天壤之别。从这个角度看,“人工智能”再强大,对人类而言,本不过是加强版的媒介——它没有改变,好像也没有指望改变,或者不可能改变人类作为一个生命系统的“生命大分子网络”的主体性。

至于人们热议的脑机接口,以及人工智能控制人类行为的情景,本质上不过是人类创制的工具“僭主化”的表现。人类创制的工具对行为主体的控制并非自“人工智能”始。前文曾经提过,群居动物居群的存在,从来就依赖于“秩序、权力、食物网络制约”这个“三组分系统”。秩序的形成和改变是一个自发过程,但维持永远需要权力。对人类而言,真正的问题在于,在突破食物网络制约之后,由什么来界定秩序和制约权力。

我刚到北大工作时,在和学生聊天的过程中曾经提到,人类发展至今,好像非常难以摆脱两个困境,一个是,把别人对现象的解释作为现象本身来接受,另一个是逻辑推理的不完整,或者叫逻辑的50%。有学生回应说,前面一个困境容易理解,后面为什么是50%,而不是30%或70%?我说,那只是一个比喻,表示绝大部分人都不习惯按照既定的逻辑推理下去。如果推理下去的话,很多事情其实并不是大家开始以为或希望的那样。

结束语

人类，需要变革什么

参加博古睿研究院中国中心的活动，撰写专栏文章，直到现在结集成书，很大程度上是我对博古睿研究院提出的“人类变革”主题感兴趣。在本书开篇词中我提到，“人类变革”项目应该包括看待人类生存的时空尺度上的变革，即从传统的关注“轴心时代”之后人类社会的变化，转变为从更大——10的9次方年和人类作为地球生物圈成员——的时空尺度上来思考人类的来龙去脉。这也是为什么本书从“什么是‘活’”这个问题开始讨论。当然，本书所介绍的都是我对生命现象的解释。我当然希望言之有物、言之有据、言之成理，但也深知自己才疏学浅，所成之“理”也只能是引玉之砖。若能引来方家点评，那实在是我的荣幸。

读到这里的读者可能会有一个困惑：既然是围绕“人类变革”这个主题，而且开篇词中的问题是“轴心时代”之前的10000年人类是怎么活下来的，为什么用了20多章的篇幅来介绍生命系统方面的现象和解释？

从我的角度讲，这么做的原因很简单，即我发现，周围绝大多数人对人类作为其中一员的生命系统运行的基本特点缺乏最基本的了解，而我对“人类变革”的思考是从“生命系统”的视角展开的，不把我对生命系统运行基本特点的解释讲清楚，大家很难理解我对“人类变革”思考背后的基本逻辑。

每个人的一生都从“身在此山”开始，持续不过10的1次方年（极少有人能活过100年)。可是,我们在这几十年生命时光中所能了解和感受的,是地球生物圈在几十亿年(10的9次方年)时间中迭代的结果。哪怕是人类自身在"认知空间"这个"茧房"保护下所构建的生存空间,也是农耕时代以降近万年(10的3次方到10的4次方年)演化的结果。

我小时候就有这样的感受:看讲述抗日战争时期的电影,觉得那是很久以前的事情,而读春秋战国时代的故事,好像文中的人物就鲜活地站在我的身边。在接收和处理相关信息时忽略时间尺度,可能是我个人愚钝的原因,但从人们对生命系统研究历史上看,在达尔文之前,人们在解读周边千姿百态的生物之间关系上,的确曾经只考虑既存的观察对象,而忽略其各自的演化过程(图19)。达尔文提出"人类也是从其

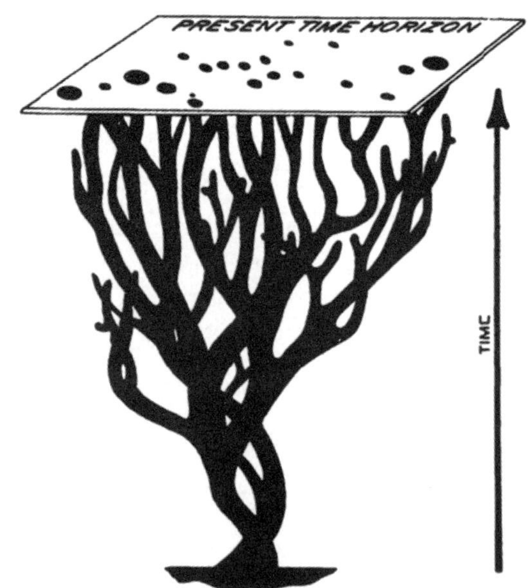

图19 生命之树(引自Stephen J. Gould, *Wonderful Life*, 1990, p40)。我们现代人所属的智人物种只有二三十万年的历史,在有着30多亿年历史的地球生物圈中只不过是一个薄薄的横截面(图中带斑点的平面)。对于"身在此山"的我们,很容易忽略的是,身边千姿百态的生物和我们人类一样,是演化的产物,而且与我们有着共同的祖先

他动物演化而来”的观点之后之所以会受到攻击，无非是因为攻击者太习惯于从图19所示的“横截面”上的信息来思考问题，却不知道从他们未曾“见过”但的确存在过的过程中的信息来思考问题。

在和一名好友交流第五篇的内容时，他提出一个问题：从基因序列相似性的角度，说“人是生物”完全没有问题，可是从人类行为的角度，人类与其最近的近缘种黑猩猩的差别何止天壤，那么还能从“生物”的角度解释人类的行为吗？

这个问题其实也困扰了我很多年。我也一直努力地学习不同领域的研究进展，希望找到答案。幸运的是，我最近终于发现一个可能是过于简单化但的确不无道理的表述：如果以“口”为界，人类与黑猩猩和其他动物在“三个特殊”相关要素整合过程上的“差别”都发生在“入口”之前，而“相似”都发生在“入口”之后。

从“整合子生命观”的角度来看，人类演化历程中不变的是“活”，即“三个特殊”及其运行所需的“相关要素”的整合；发生改变的是“怎么活”，即因为人类认知能力的出现，“认知能力”所形成的正反馈驱动力引发“三次转型”（即捕猎模式、生存模式和行为模式的转型），并因此衍生出“相关要素”类型及其整合媒介的迭代。

举个最简单的例子，就是人类祖先原本从树上摘果子吃就可以充饥维生，但现代人食用的不再是野外树上自由自在生长出的果子，而是人类种植的果树上结的果子。从这个角度看，在我们讲“人性”时，可能就需要反思一下，我们所说的“人性”是指“活”的属性，还是指“怎么活”的特点？

如果说人类与其他动物的区别是“怎么活”，那么这种“活法”的迭代是人类“想要”的，还是如同其他生命系统演化过程的创新事件一样，是自发形成的？

第四篇提到，生命系统的演化创新事件的出现有一个基本模式，即

"组分变异、互作创新、适度者生存"。在对生命系统的研究中,目前最容易跟踪检测的"组分变异"是DNA序列的变异。但如同把一瓶DNA分子放在那里并不等同于"生命"的存在那样,只有DNA序列的变异并不足以产生演化创新。还需要不同组分(不只是DNA)之间的"互作"(相互作用)。生命系统的主体是生命大分子相互作用形成的网络。与"组分变异"一样,组分之间的相互作用也具有随机性。随机性对于"互作创新"是不可或缺的。可是,新的相互作用中,有的在具有更高效率的同时维持甚至提升整合子的稳健性,有的却没有。只有那些具有更高效率、同时维持甚至提升整合子稳健性的互作创新才可能被保留下来,而只有被保留下来的组分变异与互作创新才可能成为后续迭代的前体。这,就是所谓"适度者生存"。

考察一下人类演化进程可以发现,包括"三次转型"在内的、各种借助"认知能力"这个虚拟媒介而衍生的"演化创新"事件,其发生过程无一不在生命系统演化的基本模式之中。表现形式的不同,无非在于"互作"的"组分"越来越多的是经人类行为改变过的实体(从为其他实体赋予新功能的工具,到被驯化的动植物,再到异化人类自身的机器和互联网)。而改变周边实体的人类行为,即所谓工具创制能力,原本并非人类特有的能力,在其他灵长类甚至鸟类(如乌鸦)中都有。人类的独特之处,无非在于机缘巧合地把抽象能力、语言能力和工具创制能力整合成为一个具有正反馈属性的新的系统,即"认知能力",并由此衍生出了全新的行为驱动力——感官饥饿。"认知能力"这种"自带燃料的发动机"本身,原本也不过是生命系统中既存组分的一种"互作创新"。

如果说"轴心时代"之前的10000年人类的确是在生命系统演化模式下"活"下来的,那么"轴心时代"之后,人类的演化还受到生命系统演化机制的制约吗?

第五篇提到,"轴心时代"的到来,是人类因"一个创新"和"三次转型”而打破动物世界维持居群可持续发展的“三组分系统”、陷入“秩序”与“权力”之间两极博弈的困境之后，在“谋而后动”的行为模式下寻找界定“秩序”和制约“权力”的第三极尝试的结果。先辈们的伟大尝试，为我们留下了辉煌的古代“文明”。

可是，从有文字记载的人类“文明史”来看，就算不是真如鲁迅在《狂人日记》上所讲的“满本都写着两个字是‘吃人’”，“轴心时代”到来之后，人类社会从来没有进入过先贤们念兹在兹的“大同”或者“天堂”状态也是不争的事实。在这两三千年中，不同地区的人类居群构建起了不同的“行为规范的是非标准的终极依据”，即不同的“文明”：祖先崇拜的文明类型中，“终极依据”是祖先；上帝崇拜的文明类型中，“终极依据”是上帝。祖先是过去的，而上帝是将来的。生物学意义上没有“生殖隔离”的同一物种，居然在源自“认知茧房”的“行为规范的是非标准的终极依据”上，即“怎么活”上，衍生出南辕北辙的两套依据。

如果不同居群之间“老死不相往来”，或许倒也可以相安无事。人类即使突破了“食物网络制约”，但由于感官分辨力有限，“认知空间”总是有上限。虽然会因此受制于马尔萨斯陷阱，但总不至于断子绝孙。中国基于祖先崇拜的农耕文明几千年延绵不绝就是一个例证。

可是，树欲静而风不止，生活在不同“文明”“茧房”下的人们偏偏被不可抗拒的力量推到了一起。这逼得人类在“怎么活”的问题上，不得不面对南辕北辙的两套“终极依据”无法兼容的现实。

这股力量是哪里来的呢？这是一个说来话长的话题。从源头上讲，其实就是生命系统得以迭代的基本属性之一的“正反馈自组织”。在生存模式转型之后，不可避免地衍生出对“增值”的追求。而500多年前的两个发明，让这股力量如虎添翼，强大到任何人类个体都无法抗拒的地步。这两个发明就是望远镜和显微镜！在“两镜”发明之前，人类认知是有限的，认知的边界就是人类的感官分辨力的极限。这也是为什么在“两镜”发明之前，甚至在“两镜”发明之后、人们还没有意识到其影响之前，人们总认为可以在感官经验的基础上，找到一个确定的终极真理。可是，随着“两镜”的发明和应用，人们逐渐发现，原来如同可见光只是波谱中的一小段，人类感官经验的世界，只是无垠宇宙中的微不足道的一小片空间。空间的无限性与大爆炸宇宙的自发性，决定了认知的不完备与不确定性。从这个意义上，“两镜”的发明，对人类的演化而言是一个无法忽视的里程碑。它们出现后，与其他相关要素整合，帮助人类冲出曾经的认知“茧房”，迈入一个感官分辨力范围之外全新的世界。

对感官分辨力局限的突破，当然具有为人类带来全新生存空间的正效应。但同时，以“两镜”发明为标志的现代科学的兴起，瓦解了先贤们费尽九牛二虎之力构建起来的“行为规范的是非标准的终极依据”——祖先死而不可复生，上帝存在的最重要论据恰恰因望远镜的发明而被证否。这种“终极依据”的瓦解不可避免地引发了“是非标准”和“行为规范”上的混乱。

博古睿研究院主办的*Noema*杂志主编加德尔斯(Nathan Gardels)曾在他的一篇文章中*引述墨西哥诗人和政治家、诺贝尔文学奖得主帕斯(Octavio Paz)在20世纪90年代初讲的一句话：(人类)“陷入一个无过去可依仗和无未来可信仰的当下”**。这诗意的话语，言简意赅地描述了当下人类面临的困境。可是，因“两镜”发明所衍生的“终极依据”的瓦解，是不是有可能“因祸得福”地帮助人们走出不同文明的“终极依据”

---

* Gardels N. Collisions of confluence. *Noema Magazine*. April 16, 2022.

** 原文非常优美：“All the collisions of confluence are crammed into the present with no past to hold on to or future to believe in.”另起一段之后他说：“This indeterminate present is where we all now dwell, suspended in a kind of purgatory.”

在全球化下相遇却无法调和所引发的困境，帮助人们找到一个全新的“终极依据”，并在此基础上重构帮助人类进入可持续发展的“三组分系统”呢？

结束语的结尾写成这个样子，是我收笔之前没有想到的。信马由缰地写出之后，我发现比原来设想的内容要好。“人类需要变革什么”本来就是一个开放的话题。我在开篇词中提到，需要变革的，是看待人类的时空尺度。在这里我想说，需要变革的，可能还包括固执己见的心态。只有这样，我们才可能学习在新的时空尺度下，在客观合理证据的基础上，为“人类”一词赋予新的内涵；通过“人类变革”，让人类面对和接受“人是生物”这样一个无法逃避的事实，顺应永远“活”在“当下”的生命系统欣欣向荣几十亿年所遵循的基本规律，从对过去的依仗和对未来的信仰中，回归当下，回归地球生物圈，成为其中一个因为自身的“认知能力”而不得不为之负起责任的成员。

延伸读物

阿诺德·汤因比. 历史研究. 郭小凌,王皖强,杜庭广,等译. 上海:上海人民出版社,2016.

艾伦. 20世纪的生命科学史. 田洺,译. 上海:复旦大学出版社,2000.

爱德华·威尔逊. 缤纷的生命. 金恒镳,译. 北京:中信出版社,2015.

安吉拉·D. 弗里德里希. 人类语言的大脑之源. 陈路遥,孙政辉,国佳,等译. 北京:科学出版社,2022.

白书农. 与不确定性共舞 ——读《生物学是什么》有感. 2021. https://mp.weixin.qq.com/s/iqQpOftoyIeyC56GT08_kw.

加兰德·E. 艾伦,杰弗里·J. W. 贝克. 生命科学的历程. 李峰,王东辉,译. 上海:中西书局,2020.

贾瑞德·戴蒙德. 枪炮、病菌与钢铁——人类社会的命运. 王道还,廖月娟,译. 北京:中信出版社,2022.

伦纳德·蒙洛迪诺. 思维简史——从丛林到宇宙. 龚瑞,译. 北京:中信出版社,2018.

马里奥·邦格. 搞科学——在哲学的启示下. 范岱年,潘涛,译. 杭州:浙江大学出版社,2022.

伊恩·莫里斯. 西方将主宰多久——东方为什么会落后,西方为什么能崛起. 钱峰,译. 北京:中信出版社,2014.

约瑟夫·亨里奇. 人类成功统治地球的秘密——文化如何驱动人类进化并使我们更聪明. 赵润雨,译. 北京:中信出版社,2018.

Arthur B. *The Nature of Technology: What It Is and How It Evolves*. NewYork:FreePress,2009.

Barabúsi A. *Linked: How Everything is Connected to Everything Else and What It Means for Business, Science, and Everyday Life*. Cambridge: Persues Books,2001.

Canguilhem G. *Knowledge of Life*. New York: Fordam University Press,2008.

Charles C S. *The Equations of Life: How Physics Shapes Evolution*. New York: Basic Books,2018.

Clark A. *Surfing Uncertainty: Prediction, Action, and the Embodied Mind*. Oxford: Oxford University Press,2019.

Horgan J. *The End of Science*. New York: Basic Books,2015.

Jacob F. *Logic of Life*. Princeton: Princeton University Press,1993.

Lieberman P. *Eve Spoke: Human Language and Human Evolution*. New York: W.W. Norton and Company, 1998.

Strevens M. *The Knowledge Machine: How Irrationality Created Modern Science*. London: Penguin, 2020.

Thaler R H, Sunstein C R. *Nudge: Improving Decisions About Health, Wealth, and Happiness*. London: Penguin Books, 2009.

图书在版编目(CIP)数据

十的九次方年的生命/白书农著.—上海:上海科技教育出版社,2023.11
(哲人石.科学四方书系)
ISBN 978-7-5428-7962-2

Ⅰ.①十… Ⅱ.①白… Ⅲ.①生命科学 Ⅳ.①Q1-0
中国国家版本馆CIP数据核字(2023)第089455号

图书策划 潘 涛
责任编辑 伍慧玲
封面设计 木 春

SHIDEJIUCIFANGNIAN DE SHENGMING
十的九次方年的生命
白书农 著

出版发行 上海科技教育出版社有限公司
(上海市闵行区号景路159弄A座8楼 邮政编码201101)
网 址 www.sste.com www.ewen.co
经 销 各地新华书店
印 刷 常熟市文化印刷有限公司
开 本 720×1000 1/16
印 张 14.5
插 页 6
版 次 2023年11月第1版
印 次 2023年11月第1次印刷
书 号 ISBN 978-7-5428-7962-2/N·1188
定 价 68.00元

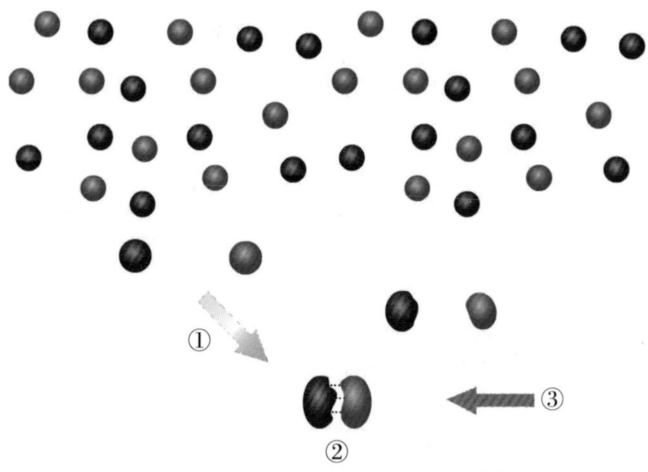

彩图1　碳骨架组分自发形成和扰动解体的循环。① 柔性碳骨架组分顺自由能下降或浓度梯度方向自发形成复合体；② 分子间力（如氢键、范德华力等）维系复合体稳定；③ 环境输入能量打破维系复合体的分子间力，形成复合体的组分恢复独立存在状态，整个系统进入循环，是为“活”

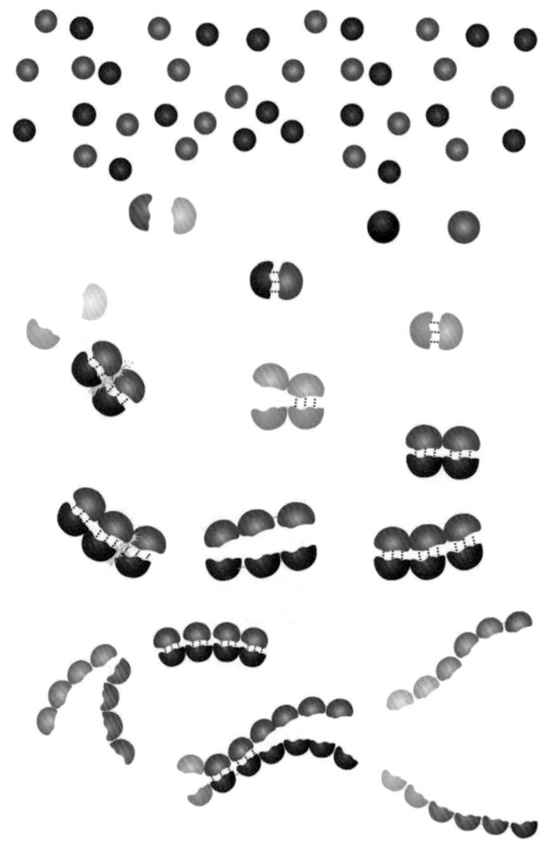

彩图2　链式生命大分子形成示意图。在“结构换能量循环”形成的复合体基础上，以自催化或异催化形式自发形成共价键（黄色爆炸图标所示），然后形成链式生命大分子

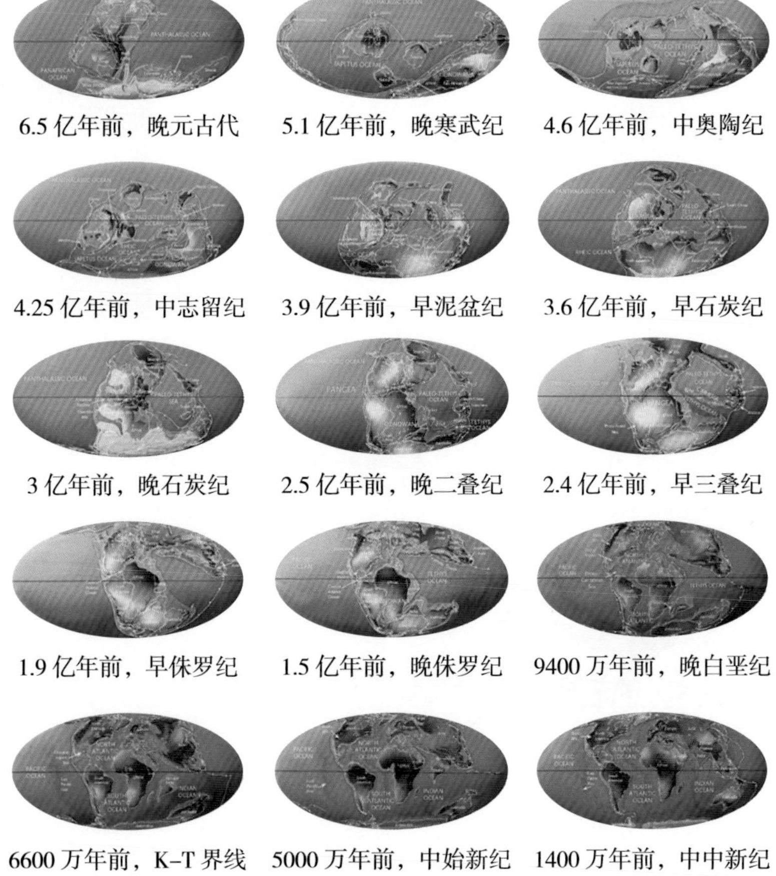

彩图3　地球大陆板块的演变

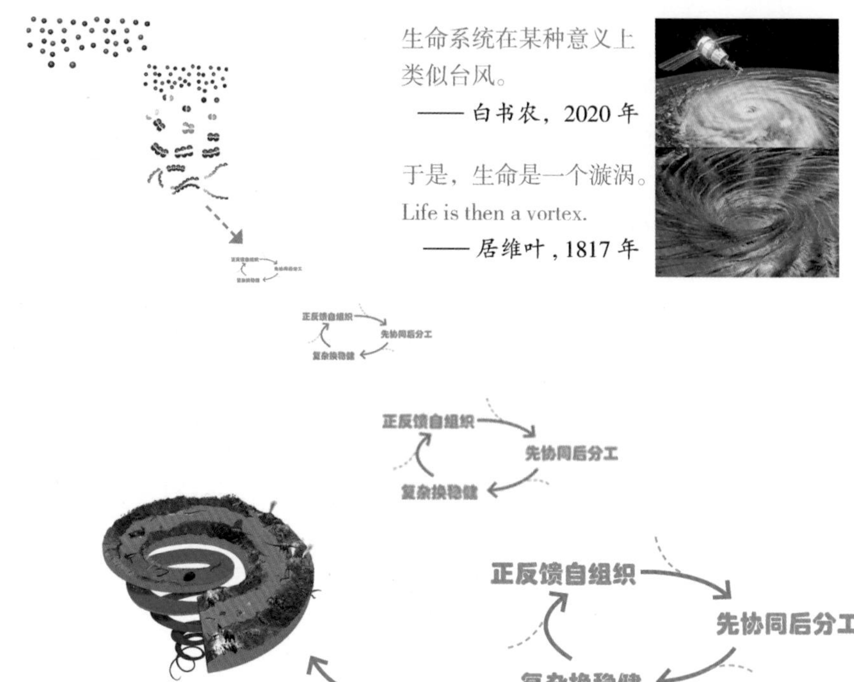
生命系统在某种意义上类似台风。
——白书农，2020年
于是，生命是一个漩涡。
Life is then a vortex.
——居维叶，1817年
正反馈自组织
先协同后分工
复杂换稳健
正反馈自组织
先协同后分工
复杂换稳健
正反馈自组织
先协同后分工
复杂换稳健

彩图4　生命、台风和漩涡

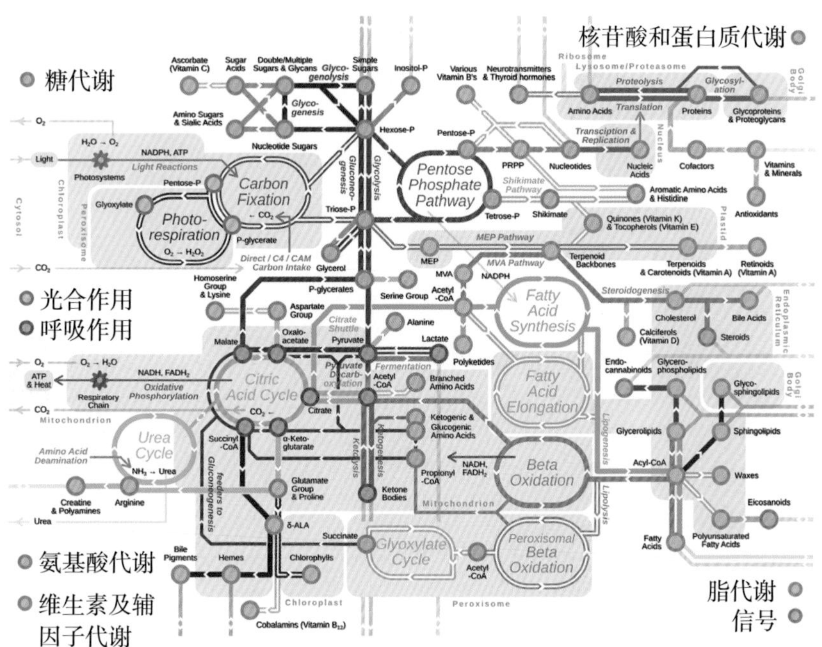

糖代谢
光合作用
呼吸作用
氨基酸代谢
维生素及辅因子代谢
核苷酸和蛋白质代谢
脂代谢
信号
Ascorbate (Vitamin C)
Sugar Acids
Double/Multiple Sugars & Glycans
Glyco-genolysis
Simple Sugars
Inositol-P
Various Vitamin B's
Neurotransmitters & Thyroid hormones
Ribosome
Lysosome/Proteasome
Proteolysis
Glycosyl-ation
Golgi Body
Amino Acids
Translation
Proteins
Glycoproteins & Proteoglycans
Amino Sugars & Sialic Acids
Glyco-genesis
Hexose-P
Nucleotide Sugars
Pentose-P
Transciption & Replication
Nucleus
O_2
$H_2O \rightarrow O_2$
NADPH, ATP
Light
Photosystems
Light Reactions
Chloroplast
Cytosol
Pentose-P
Carbon Fixation
$\leftarrow CO_2$
Glucone-ogenesis
Glycolysis
Pentose Phosphate Pathway
PRPP
Nucleotides
Nucleic Acids
Cofactors
Vitamins & Minerals
Glyoxylate
Peroxisome
Photo-respiration
$O_2 \rightarrow H_2O_2$
Triose-P
P-glycerate
Shikimate Pathway
Aromatic Amino Acids & Histidine
Antioxidants
Tetrose-P
Shikimate
Quinones (Vitamin K) & Tocopherols (Vitamin E)
Plastid
MEP Pathway
CO_2
Direct / C4 / CAM Carbon Intake
Glycerol
MEP
Terpenoid Backbones
Terpenoids & Carotenoids (Vitamin A)
Retinoids (Vitamin A)
MVA
MVA Pathway
NADPH
Homoserine Group & Lysine
P-glycerates
Serine Group
Acetyl -CoA
Fatty Acid Synthesis
Steroidogenesis
Endoplasmic Reticulum
Aspartate Group
Citrate Shuttle
Alanine
Cholesterol
Bile Acids
Malate
Oxalo-acetate
Pyruvate
Lactate
Polyketides
Calciferols (Vitamin D)
Steroids
O_2
$O_2 \rightarrow H_2O$
NADH, $FADH_2$
ATP & Heat
Respiratory Chain
Oxidative Phosphorylation
Citric Acid Cycle
Pyruvate Decarb-oxylation
Fermentation
Acetyl -CoA
Branched Amino Acids
Fatty Acid Elongation
Endo-cannabinoids
Glycero-phospholipids
Glyco-sphingolipids
Golgi Body
CO_2
Mitochondrion
Citrate
$CO_2 \leftarrow$
Ketogenic & Glucogenic Amino Acids
Lipogenesis
Glycerolipids
Sphingolipids
Urea Cycle
Amino Acid Deamination
$NH_3 \rightarrow Urea$
Succinyl -CoA
α-Keto-glutarate
Ketolysis
Ketogenesis
NADH, $FADH_2$
Propionyl -CoA
Beta Oxidation
Acyl-CoA
Waxes
feeders to Gluconeogenesis
Glutamate Group & Proline
Ketone Bodies
Mitochondrion
Lipolysis
Creatine & Polyamines
Arginine
Urea
δ-ALA
Eicosanoids
Succinate
Glyoxylate Cycle
Peroxisomal Beta Oxidation
Fatty Acids
Polyunsaturated Fatty Acids
Bile Pigments
Hemes
Chlorophylls
Acetyl -CoA
Chloroplast
Peroxisome
Cobalamins (Vitamin B_{12})

彩图5　代谢网络示意图

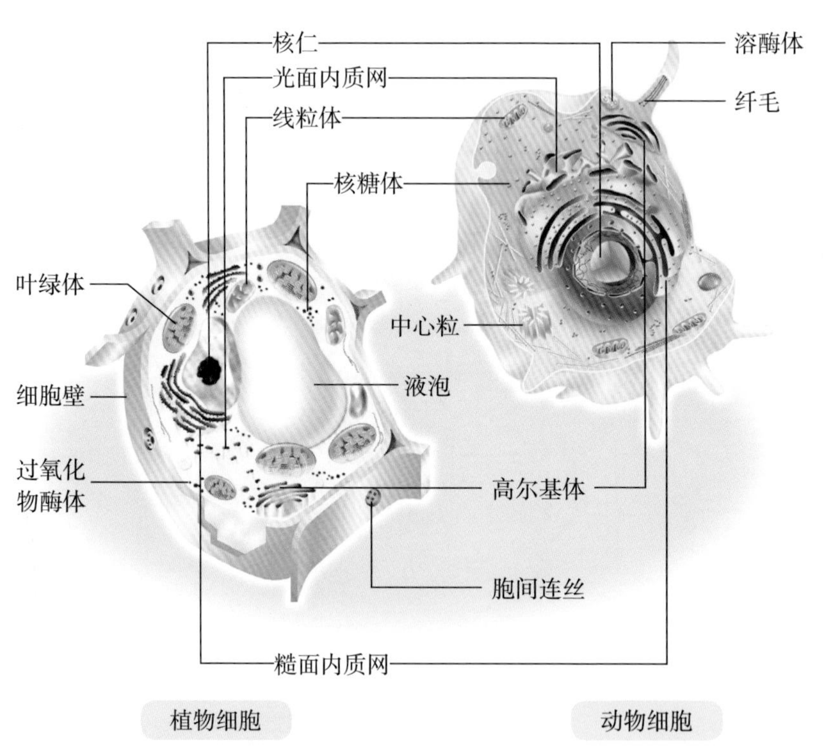
核仁
光面内质网
线粒体
核糖体
溶酶体
纤毛
叶绿体
中心粒
细胞壁
液泡
过氧化
物酶体
高尔基体
胞间连丝
糙面内质网
植物细胞
动物细胞

彩图6　真核细胞模式图

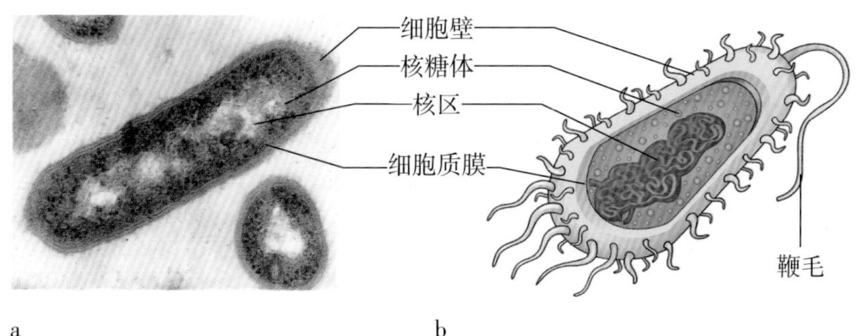

彩图7　细菌(一类原核细胞生物)的结构。a. 猪丹毒杆菌(*Erysipelothrix rhusio - pathiae*)的电镜照片(丁明孝提供);b. 细菌的模式图

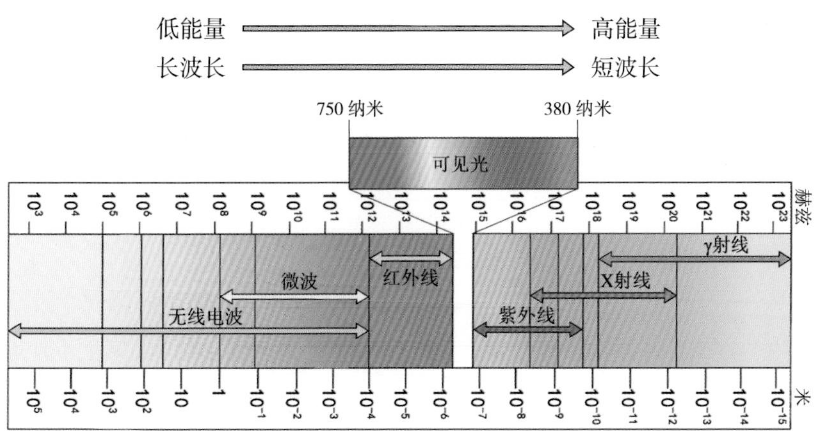

彩图8　电磁波谱

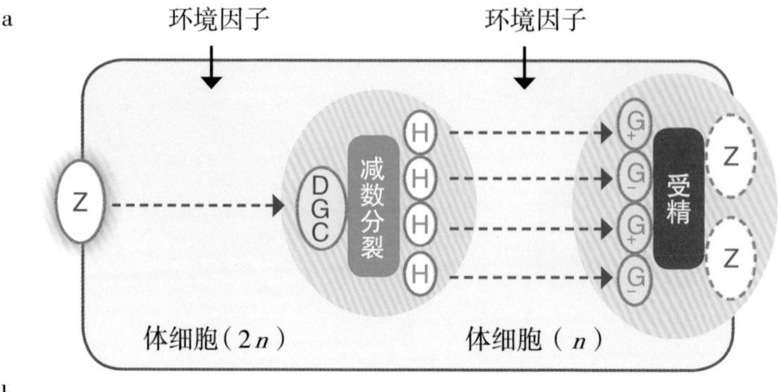

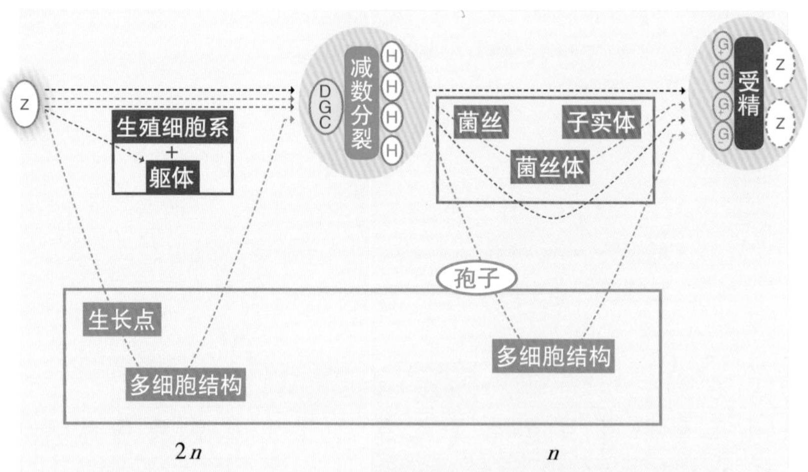

彩图9　在“有性生殖周期”的“间隔期”插入多细胞结构，形成多细胞真核生物假说的示意图。a. 拉直的“有性生殖周期”示意图；b. 在“有性生殖周期”三个核心细胞之间的间隔期由于插入多细胞结构的方式不同，衍生出动物（红色箭头与标识）、真菌（粉色箭头与标识）和植物（绿色箭头与标识）（Z表示合子；DGC表示二倍体生殖细胞；H表示单倍体减数分裂产物细胞；G+或G−表示单倍体异型配子）

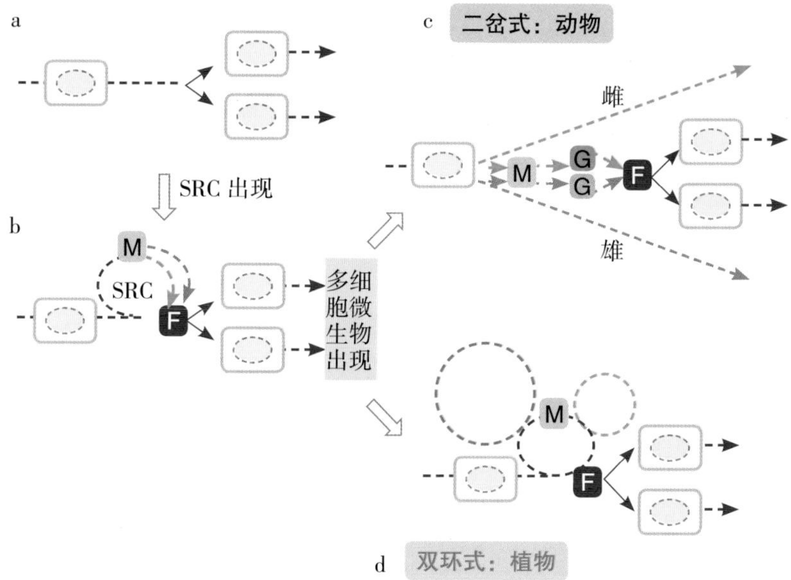

彩图10　动植物的不同生长方式的模式图。a. 细胞周期：一个细胞变两个细胞；b. 有性生殖周期（SRC）；c. 在有性生殖周期的框架下动物的生长模式，橙色箭头和灰色箭头分别表示个体的躯体细胞系和生殖细胞系；d. 在有性生殖周期的框架下植物的生长模式，绿色和浅绿色的环形分别表示减数分裂前后二倍体和单倍体的多细胞结构（M表示减数分裂；F表示受精；G表示配子）

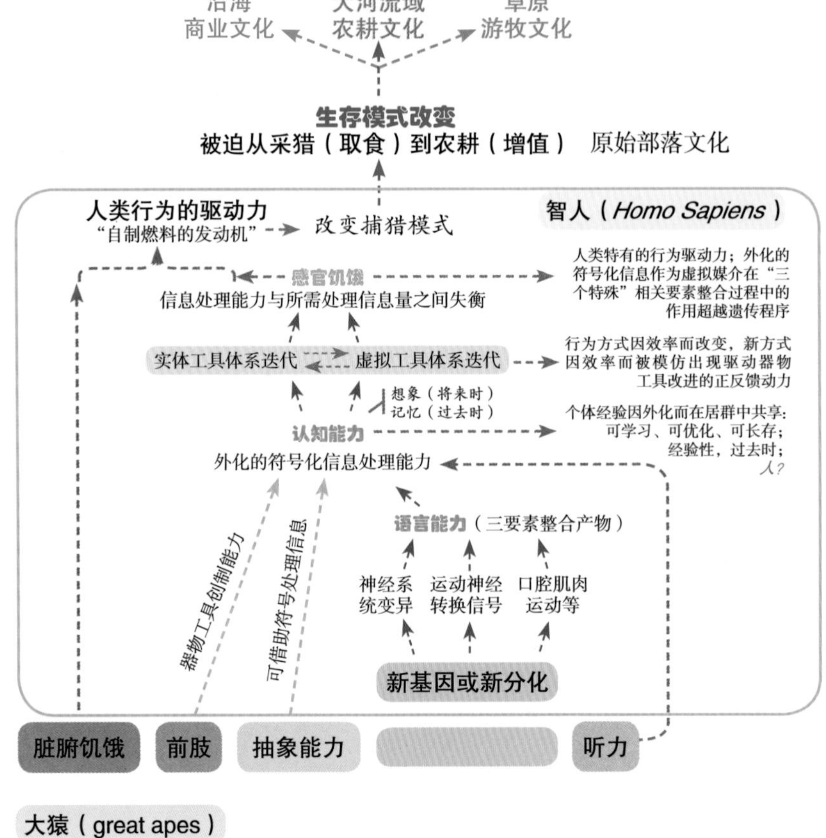

彩图11　关于人类行为驱动力的由来的假说

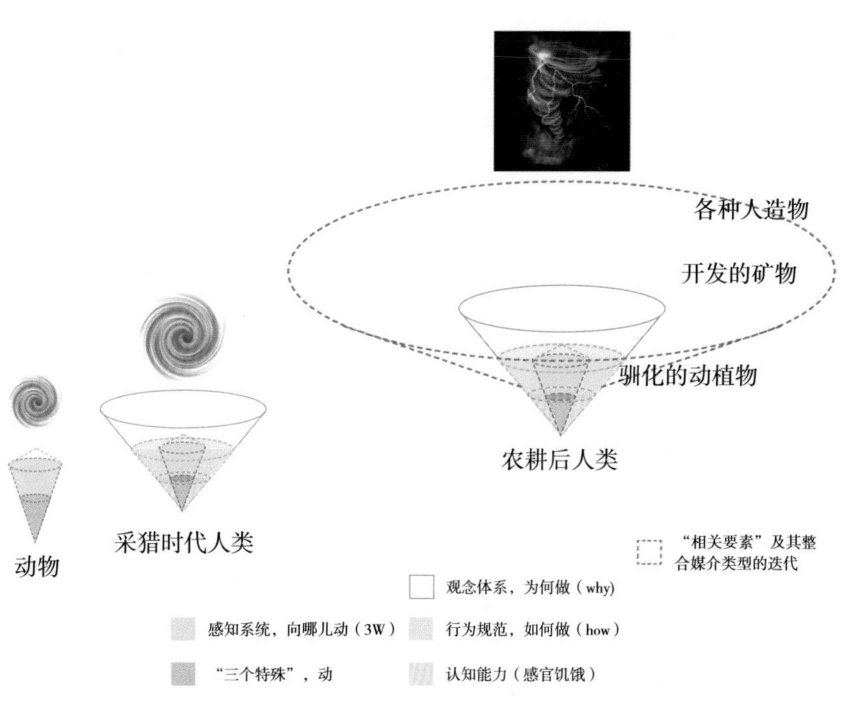

彩图12　认知能力驱动下越转越大的整合子